KB098237

향기를 마신다

전 세계 최초로,

향기를 마신다

한약학 박사 김용식 지음

모아북스
MOABOOKS

세계 최초로 '마시는 향기' 제품 개발에 성공

　향기는 코로 냄새 맡거나 피부에 바르는 데 그치지 않고 이제는
혀로 맛을 보고 마실 수 있게 되었다. 가히 향기의 혁명이다.

　'마시는 향기'는 오랜 세월에 걸친 학문 연구와 기술 개발의 끈
질긴 노력의 결실이며, 천연물에 대한 깊은 학문적 이해, 실용적인
가공기술 그리고 본연의 기운과 영양성분을 고이 간직한 향기를
최적의 상태로 채취하기 위한 첨단 장비 등 여러 요소로 이루어진
복합 결과물이다.

　그리고 다목적 농축 및 추출장치 MHM(Multipurpose Healthfood
Maker)는 고진공·저온·고속 농축기로 추출, 농축, 고농축, 향기
포집, 알코올 증류같은 복합기능을 갖추고 천연화장품, 천연방향
제 등 물리적 성상이 다른 습식으로 된 다양한 제품을 단시간에 생
산할 수 있는 장비다.

약용식물 및 천연물 농축기에 대한 유일한 포괄 발명 특허이며, 식품 분야 조달청 벤처나라에 등록된 유일한 혁신지정상품이기도 하다.

천연물에 대한 학문적 바탕, 현장에서의 경험, 생산설비 MHM을 통한 '마시는 향기'는 30년 세월의 연구가 집약된 집념의 결실이다. 천연물질의 중요성을 인식한 개발자는 천연물질 중 특히 향기가 열에 약한 것을 알고 저온에서 추출하고 포집할 수 있는 기술을 개발함으로써 마침내 '먹는 향기'라는 획기적인 제품을 선보이게 된 것이다.

MHM의 원리는 향기를 저온 증류 방식으로 순식간에 채집하여 향 자체를 제품으로 응용하는 방식이다. 대개 천연물질을 다룰 때 향기를 간과하고 상압식에서 끓이기만 하거나 감압이라 하더라도 효율성이 떨어져 제품의 양산화를 이루지 못했다.

필자는 이러한 문제를 중점적으로 파고들어 마침내 향기 본연의 기운과 영양분의 손실 없이 대량생산할 수 있는 시스템을 개발했다.

이제 우리는 자연이 우리에게 내려준 천연물의 귀중한 기운인 '마시는 향기'를 통해 더욱 건강한 삶을 추구할 수 있으리라 믿어 의심치 않는다.

한약학 박사 김용식

왜 마시는 향수인가?

지금까지의 건강 상식은 잊어라

코로나 대유행 이후 건강에 대한 개념이 크게 바뀌고 있다. 생각지도 못했던 것들이 새롭게 유행하고 있는가 하면 대수롭지 않게 여겨지던 것들이 중요한 고려사항이 되기도 한다.

특히 MZ세대를 중심으로 건강에 대한 개념이 획기적으로 변화하고 있는 점이 주목된다. 건강에 관한 개념 변화의 핵심은 건강관리의 패러다임이 '치료'에서 '예방'으로 바뀌고 있다는 것이다. 예를 들어 탈모라고 하면 탈모가 이미 진행되고 난 뒤에야 치료하는 방식이었다면 이제는 탈모가 진행되기 전, 정상 상태에서 미리 예방 관리에 들어가는 개념이다. 그에 따라 요즘에는 탈모 치료 관련 제품의 소비보다 탈모 예방 제품의 소비가 가파르게 늘고 있다. 이는 모든 분야에서 새롭게 바뀌어 가는 추세다.

또 하나 흥미로운 변화는 MZ세대 중심으로 퍼지고 있는 '헬시플레저' 현상이다. 건강(healthy)과 즐거움(pleasure)을 함께 추구하는 건강관리 개념이다. 식단과 운동, 일과를 엄격히 관리하고 많은 것을 통제하며 인내하는 기성세대의 건강관리 방식과는 달리, 즐겁고 효율적인 방식으로 지속 가능한 건강관리를 실천하는 MZ세대는 건강한 식재료를 기본으로 삼는 '개념 맛집' 을 찾아다니고 운동을 놀이처럼 즐기고 있다. 내 몸의 건강한 상태를 추구함은 물론 나아가 정신도 만족하고 즐거운 상태를 추구하는 것이 MZ세대의 특징이라 할 수 있다.

이제 건강관리의 핵심은 단순한 질병의 예방과 치료를 넘어서 적극적인 즐거움과 행복의 추구가 수반되어야 하고 건강관리는 신체만이 아닌 정신적, 사회적 건강까지 아우르는 개념이 되었다.

이런 흐름에서 가장 눈에 띄게 사람들의 관심을 끈 것이 바로 향기다. 정신을 맑게 하고 기분을 좋게 하는 방향제로만 인식해온 향기가 이제 우리 몸의 기운을 북돋고 중요 영양소를 풍부하게 제공한다는 사실을 새롭게 인식하게 된 것은 기존 건강 상식을 깨는 획기적인 인식의 전환이다.

코로나 팬데믹이 장기화하면서 그에 따른 사회적인 후유증과 문제점들이 다양한 형태로 표출되기 시작했으며 '코로나 블루', '코로나 레드', '코로나 블랙' 같은 색깔로 표현되는 신조어도 만들어졌다. 코로나 블루는 코로나로 인한 우울증, 코로나 레드는 코로나로 인한 분노, 코로나 블랙은 코로나로 인한 절망을 말한다.

이런 표현들만 봐도 코로나 대유행이 우리에게 얼마나 크게 부정적인 영향을 끼쳤는지 알 수 있다. 우울증 위험군이 2018년 4% 이하에서 2020년 22% 이상으로 증가했으며, 특히 20대(25% 이상)와 30대(32% 이상) 같은 젊은 층에서 문제가 심각한 것으로 나타났다. 국민의 정신 건강을 사회적 차원에서 관리해야 할 필요성이 대두된 것이다. 그런데도 아직 인식이 크게 부족하고 시스템이 열악한 상태라는 것이 문제다.

지난해 세계적인 제약회사 얀센에서 발행한 〈아시아 우울증 스펙트럼 분석 백서〉에 따르면 우리나라 성인 4명 중 1명이 우울증 등의 정신질환을 겪고 있지만, 실제 병원을 찾는 비율은 10%에 그쳤으며, 인구 10만 명당 자살자 수는 27명에 육박해 OECD 회원국 중 가장 높았다. 정신 건강을 위해 지출한 서비스 비용이 평균 71달러로 다른 나라에 비해 현저히 낮은 것도 심각한 현실을 뒷받침하고 있다.

사실 정신 건강도 내 몸의 건강 상태, 즉 영양 상태와 밀접하게 연관되어 있다. 신체 건강이 정신 건강을 좌우한다고 해도 과언이 아니다.

한의학적 치료 관점에서도 음양오행에 기반을 두고 천연물을 약으로 쓸 때 기(氣), 미(味)로 치료한다고 되어 있다. 천연물의 유효 성분인 미(味)보다 본래 그것이 가지고 있는 기운을 먼저 중시했다는 뜻이기도 하다.

단순한 영양성분만이 아닌 향기가 몸에 이롭다는 인식이 생기면서 몸의 건강을 위해 "향기도 마셔야 한다"는 취지에서 오랜 기간 연구에 착수하여 향기를 포집하여 음용할 수 있도록 개발한 것이다.

향기에 대한 인식, 이제는 바뀔 때

몸 건강을 위해서는 좋은 식습관을 들이는 것 못지않게 잘못된 식습관을 바꾸거나 버리는 것도 중요하다. 잘못된 식습관은 나쁜 줄 알면서도 주변 환경이나 약한 의지력으로 인해 고치지 못하고 이어온 측면도 있지만, 건강과 영양에 관한 오해에서 비롯한 경우가 더 많다. 그러므로 잘못 알고 있는 건강 및 영양 상식만 바로잡아도 잘못된 식습관을 대부분 바꿀 수 있게 된다.

그중 하나가 향기다. 향기를 먹고 마신다니 지금까지의 상식으로는 받아들이기 어려운 개념이다.

음식을 만드는 재료에는 각기 다른 향기(香氣), 맛(味), 빛깔(色), 영양(營養)이라는 본연의 성질이 있다. 음식의 재료에는 영양성분 외에도 고유의 향기라는 중요한 기운이 있다. 어쩌면 그것은 영양성분보다 더 중요할지 모른다.

우리는 그동안 당연하게 영양의 중요성만을 중시하고 본래의 향기라는 기운을 막연하게 추상적으로만 생각하지 않았는지 돌이켜 봐야 한다.

동양의학에서는 음식의 본래 재료, 즉 천연물이 지닌 유효성분이 영양이라면 향이나 색은 그것이 지닌 기운(氣)으로, 유효성분인 영양보다 더 중요한 역할을 하는 것으로 보고 있다. 단순히 생명을 연명하는 음식을 넘어 병을 예방하거나 치료하는 약으로 쓸 때는 특히 더 그랬다. 향기가 날아가 버린 천연물은 약으로써 효용 가치가 없기 때문이다.

우리가 마시는 향기는 호흡기를 통해 변연계를 거쳐 뇌에 전달되며 수십 초 안에 허파를 통해 핏속을 흐르게 된다. '마시는 향기' 요법은 아로마테라피와 여러모로 다르지만, 고유한 향기와 기운이 심신을 안정시켜 질병의 예방과 치료에 효과적이라고 하는 점에서는 상당히 일치한다.

천연물을 섭취하는 데는 가공이 필요하다. 가공은 천연물의 채취부터 운반과 저장, 그리고 섭취까지 전 과정에서 일어나는데, 이 때 고유의 향기가 잘 보존되어야 한다.

천연물에서 마시는 향기를 포집하는 과정은 극히 예민하다. 저분자 탄화수소인 천연물의 향기는 온도에 매우 민감하여 향기가 깨지는 고유의 임계점이 모두 다르므로 이론은 물론 경험도 중요하며 그에 알맞은 장비도 필요하다. 그래서 정유 성분을 이용하여 물에 희석하는 조향법이 아닌 특별한 방법이 필요한 것이다.

높은 열에 노출되고 효율성이 없는 장비로는 원하는 향기를 얻을 수 없으므로 특수한 방법으로 고유의 향을 포집하는 특수한 장비와 기술이 필요하다.

이젠 과학적인 영양섭취에 주목해야 한다

우리는 건강을 위해서 다양한 채소와 과일을 섭취한다. 그런데 우리는 모르는 사이에 채소와 과일의 영양소를 파괴하는 행동을 일삼는다. 종류마다 지닌 영양학적 특성과 관리 및 조리법을 잘 모르기 때문이다.

흔히 채소는 끓는 물에 데치면 좋다고 생각하는데, 비타민C 같은 영양소는 끓는 물에 녹아서 채소에서 빠져나와 버리고 채소에 함유된 항산화 성분도 그만큼 감소한다. 물론 채소를 데친

물을 다 먹는다면 물속에 녹아든 영양소를 어느 정도 섭취할 수 있겠지만, 대부분 그 물은 먹지 않으므로 영양소를 내다 버리는 셈이다. 그래서 채소를 조리할 때는 각각 특성에 맞는 조리법이 필요하다.

영양학적 관점과 고유의 풍미를 즐길 수 있는 최적의 조리법을 택해야 하겠지만, 때로는 소화와 흡수도 고려해야 한다.

채소는 대부분 차가운 기운에 속한다거나 약간의 독성이 있으므로 그 성질을 완화하기 위해 열을 가하는 조리과정이 필요할 수도 있지만, 열을 가함으로써 유익한 성분이 사라져 버리기도 한다.

마늘을 예로 들면, 뜨거운 팬에 넣어 조리할 경우 유익한 화합물인 알리신을 거의 섭취할 수 없게 된다. 잘게 썬 마늘을 뜨거운 팬에서 2분간, 전자레인지에서 60초만 가열해도 유해균을 억제하는 알리신 성분이 현저히 감소한다.

채소나 과일이 손상을 입으면 영양분이 소실되거나 부패하지만, 상추 같은 것은 예외로 항산화 성분인 파이토뉴트리언트의 분비를 촉진하여 그 효과를 제대로 볼 수 있다.

MZ세대가 추구하는 것처럼 인생에서 먹는 즐거움은 무엇보다 중요하다. 그러므로 모든 요리를 영양학적 관점만 고려하여 조리한다면 요리란 것이 무미건조할 것이다. 이 책에서 다루고자 하는 '마시는 향기'의 의미와도 거리가 멀다.

찐 감자는 바로 먹어야 맛이 있으나 혈당을 급격하게 올리기 때문에 혈당이 높은 사람이라면 조리한 감자를 뜨거운 상태에서 바로 먹는 것보다는 식혀 먹어야 감자 속의 탄수화물을 충분히 소화해 가며 먹을 수 있다.

이 밖에도 우리가 아는 기존의 상식, 즉 고정관념과는 다른 뜻밖의 영양 상식이 수도 없이 많다.

유전학적인 측면을 제외하고 암의 발병 위험을 높이는 특정 식품과 잘못된 식습관은 분명히 존재한다.

소금에 절인 채소나 과도하게 짠 음식은 식도에 자극을 주기 때문에 식도암 발병 위험을 크게 높인다고 알려져 있다. 절인 채소를 많이 먹은 사람의 식도암 발병 위험은 그렇지 않은 사람의 두 배에 이른다. 뜨거운 음료를 반복해서 마셔도 식도암 발병 위험이 커진다. 그래서 세계보건기구는 '65도 이상의 뜨거운 음료'를 발암물질로 지정했다. 실제로 차가운 차를 마신 그룹보다 65도 이상의 아주 뜨거운 차를 마신 그룹은 식도암 발병 위험이 8배, 60~64도의 뜨거운 차를 마신 그룹은 두 배가 높았다는 연구 결과가 나왔다.

술은 여러 종류의 암을 유발하는데, 음주가 유방암 · 대장암 · 직장암 · 식도암 · 두경부암 · 간암 등 다양한 암의 위험 요소로 지목되었다. 술을 마시면 간은 알코올을 아세트알데히드라는 발암성

화합물로 분해하는데, 이 물질은 DNA를 손상하고, 체내 산화 스트레스를 촉진하며, 면역 기능을 저해하는 것으로 알려졌다.

그 밖에도 정제 탄수화물, 가공육, 튀긴 음식 등이 여러 가지 암을 유발하는 것으로 알려졌다. 여기에 덧붙이면, 조미료가 과다하게 들어간 음식과 잘못된 식습관은 뇌 건강에 좋지 않은데, 설탕이 다량 첨가된 과일 주스, 지나친 음주, 정제 설탕, 정제 곡물, 과식, 다이어트 탄산음료, 염증성 식품 등이다.

현대인은 건강식에 대한 환상이 있다. 건강식이란 뭘까? 건강식이란 균형식을 뜻한다. 식생활에서 몸이 필요로 하는 다양한 영양소의 균형을 잡아야 하고, 그러기 위해서 여러 가지 식품을 골고루 섭취해야 한다. 단일 식품에 대한 과신 또는 특정 식품의 초능력을 믿는 데서 오히려 영양 불균형이 일어나고, 건강을 해치는 일이 일어난다.

성인의 몸은 6×10^{13}(60조) 개에 달하는 세포로 구성되어 있고, 초마다 수천만 개의 세포가 파괴되고 새로운 세포로 교체된다. 신체는 결국 세포 교체가 원활히 이루어져야만 건강을 유지할 수 있고, 건강한 세포를 만들기 위해서는 영양소의 지속적인 공급이 필수적이다. 식품을 구성하는 물질 중 우리 몸에 에너지를 공급하고 성장, 다양한 생리 기능을 도모하는 등 건강을 유지하는 데 필요한 성분이 영양소다.

지금까지 50여 종의 영양소가 밝혀졌고, 이것들은 크게 물, 당질, 지질, 단백질, 비타민, 무기질의 6대 영양소로 분류된다. 그 밖에 식품에 함유된 색소, 향기 성분, 효소 등은 아직 영양소로 정의되지는 않지만, 체내에서 다양한 생리 기능을 수행한다는 사실이 밝혀져 사실상 영양소로 인식하게 되었다.

먼저 '마시는 향기'의 개발이자 이 책의 저자가 '이 책을 읽기 전에 알려두기'을 통해 세계 최초로 '마시는 향기' 제품 개발에 성공한 배경과 과정을 밝히고, '들어가는 글'에서는 '(코로 맡고 피부에 바르는 데서 나아가) 왜 마시는 향기'인지를 우리 몸의 건강 차원에서 구체적으로 밝혀 놓았다.

이어 본문은 모두 5장으로 구성했는데, 4장까지는 섭취와 관련한 우리 몸의 전반적인 건강 문제를 배경으로 '마시는 향기'가 주는 효험을 기술하고 있다. 그리고 마시는 향기가 생산되기까지의 연구 및 기술적 성취의 과정과 결과를 덧붙였다. 마지막 5장은 앞서 기술한 내용의 핵심을 복기하고 독자의 궁금증을 해소하기 위해 'Q&A'로 구성하였다.

1장 〈좋은 식사와 나쁜 식사는 무엇일까〉에서는 만성 영양부족 상태에 빠진 현대인의 현실을 조목조목 짚으면서 '너무 잘 먹는데 왜 늘 영양부족 상태'인지 그 원인을 캐내어 적시한다. 이어 문제는 바로 영양소의 파괴에 있음을 밝혀내면서 꼬박꼬박 잘 먹어도 새어나가는 영양소와 연령대에 따른 주요 영양소의 흡수율 변화에 관해 심층적으로 분석한다. 이를 바탕으로 이제는 먹는 것에 주목해야 할 때임을 강조하고, 먹는 것이 바로 내 몸이므로 몸이 건강해지는 식습관을 만들 것을 제시한다.

2장 〈눈이 번쩍 뜨이는 섭취의 비밀〉에서는 먼저 파괴되는 영양소를 지키는 방법을 제시한다. 섭취 방법에 따라 달라지는 영양소 보존율과 흡수율, 식재료별 영양소 지키기는 구체적인 방법론이다. 이어서 모든 병은 왜 먹는 것에서 오는지, 식재료 자체의 영양소가 왜 갈수록 줄어드는지, 그렇다면 무엇을 어떻게 먹어야 좋은지 재료별·영양소별로 밝혀 놓았다. 마지막 하이라이트로, 이제 향기도 먹는 시대임을 천명하고 천연 향기를 액체로 마시는 향기의 혁명에 관해 기술하였다.

3장 〈세계 최초로 개발에 성공한 '마시는 향기'〉에서는 먼저 마시는 향기와 아로마테라피의 공통점과 차이점을 밝히면서, 아유르베다의 기원과 개념 및 아유르베다 허브 치유의 원리를 기술하였다. 그리고 본론으로 들어가 세계 최초로 개발한 마시는 향기의 기술 완성에 따른 특장점, MHM으로 제조 가능한 다양한 제품들에 관해 서술하였다.

4장 〈마시는 향기의 효능〉에서는 치유 물질의 에너지를 맛과 우주 물질의 관계를 통해 알아보고, 구체적으로 6가지 맛의 분류와 작용을 서술하였다. 이어서 마시는 맛의 작용을 여러모로 기술한 다음, 내 몸을 회복하는 허브의 치유 작용과 더불어 증상별 향기 치유법을 제시하였다.

5장 〈궁금해요, Q&A〉에서는 섭취와 관련한 건강 상식, 마시는 향기에 대해 독자가 제일 궁금해하는 20가지 질문에 답을 간명하게 제시하였다.

1장 좋은 식사와 나쁜 식사는 무엇일까

2장 **눈이 번쩍 뜨이는 섭취의 비밀**

3장 **세계 최초로 개발에 성공한 '마시는 향기'**

마시는 향기의 효능

5장   **궁금해요, Q&A**   •122

좋은 식사와 나쁜 식사는 무엇일까

며칠 정도 반짝 그러고 만다면 괜찮겠지만 영양부족 상태가 장기간 이어지면 신진대사의 균형이 무너져 각종 질병에 노출되고 기대수명이 줄어든다. 특히 20대 이후에는 점차 영양소 흡수율이 떨어진다는 사실을 명심하고, 평소 우리 몸이 음식의 영양소를 골고루 흡수할 수 있도록 좋은 식습관을 들일 필요가 있다.

1. 만성 영양부족 상태에 빠진 현대인

아니, 그렇게 잘 먹는데 영양부족이라니?

그 옛날 보릿고개에 배를 곯던 시절에는 영양실조가 자연스러웠을 만큼 궁핍했다. 그런데 먹을 것이 넘쳐나는 현대에 영양부족이라니, 고개가 갸웃거려진다. 바로 나쁜 식습관에 그 원인이 있다. 현대인의 식습관을 보면 칼로리는 충분히 섭취하고 있지만, 인체가 제대로 기능하는 데 필요한 영양분을 고루 섭취하지는 못하는 '풍요 속의 빈곤' 상태에 놓여 있다.

현대인은 실제로 비만이 심각한 사회문제가 될 만큼 칼로리를 많이 섭취하는데도 정작 개별 세포는 필요한 영양소를 공급받지 못해 굶고 있는 형국이다.

칼로리(cal)는 열량을 세는 단위로, 1기압의 물 1g을 섭씨 14.5도에서 15.5도까지 1도 올리는 데 드는 에너지의 양이 1cal다.

식단을 통해 체중을 조절하려면 단순히 섭취하는 음식의 칼로리만 따지지 말고 칼로리의 섭취와 배출, 즉 칼로리의 균형을 따져 봐야 한다. 같은 칼로리라도 영양소로 꽉 찬 식품이 있는가 하면 영양소가 거의 없는 빈 칼로리 식품이 있다. 가공 처리나 첨가물이 거의 없는 신선 식품에는 비타민, 미네랄, 섬유질 등의 필수 영양 소가 풍부한 데 반해 설탕이 많이 든 케이크나 과자, 지방이 많이 든 마가린이나 튀김, 첨가물이 많거나 가공된 식품은 필수 영양소 가 거의 없는 빈 칼로리 식품이다. 빈 칼로리 식품은 단순히 영양 소가 결핍되어 있을 뿐 아니라 몸에 이로운 영양소의 흡수와 대사 를 방해하기까지 한다.

심각한 영양부족 상태

요즘은 어른, 아이 할 것 없이 모든 세대가 영양부족 상태에 놓여 있다고 하는데, 특히 여성의 영양 상태가 가장 나쁘다고 한다. 그 도 그럴 것이 여성이라면 가정생활과 출산 및 육아로 인해 제대로 된 식사도 못 할 만큼 바쁘게 살아온 데다가 이미 만성적인 영양부 족 상태에 놓였을 가능성이 크다.

우리 몸에 필요한 5대 영양소로 탄수화물, 단백질, 지방, 비타민, 미네랄을 드는데 그중 하나라도 권장량의 80%에 미치지 못하면 영양부족 상태라고 한다. 현대인은 특히 비타민이나 미네랄이 부족해지기 쉬운 식습관을 가지고 있다. 이런 영양부족 상태가 길어지면 우리 몸의 면역력이 균형을 잃어 만병의 근원이 될뿐더러 유행성 질병에도 취약한 상태가 된다.

부족해지기 쉬운 영양소

현대인의 특성을 보면 20대부터 이어진 비타민, 미네랄, 칼슘 같은 필수 영양소 부족이 70대까지 쭉 이어진다.

20대, 30대의 남녀 모두 주요 비타민(A, D, C) 영양소가 목표 섭취량의 절반에 불과하다. 게다가 여성은 철분이 크게 부족하고, 남성은 항산화 성분인 비타민A가 절대적으로 부족하다.

전 세대에 걸쳐서는 공통으로 뼈를 구성하는 칼슘을 비롯하여 비타민B1, 식이섬유가 크게 부족한 상태다. MZ세대, 즉 20대와 30대는 50대 이후 연령대와는 달리 고칼로리는 무조건 나쁜 것이라는 인식이 강한 나머지 먹을 것을 과도하게 줄여 영양부족 상태에 빠진 경우도 많다.

2. 문제는 영양소의 파괴에 있다

꼬박꼬박 잘 먹어도 새어나가는 영양소

끼니마다 좋은 음식을 먹고 종종 간식까지 챙겨먹는데도 늘 피로하다는 사람은 영양실조 환자임이 분명하다.

음식을 골고루 먹는 것도 중요하지만, 그에 앞서 음식에 든 영양소가 파괴되지 않도록 조리해야 하고, 또 섭취했을 때 영양소가 우리 몸이 손쉽게 흡수되어야 한다.

조리를 잘못하여 열량만 남고 필수 영양소는 모두 빠져나가 버리거나 영양소끼리 궁합이 맞지 않는 경우도 많다. 체내 세포를 만드는 단백질과 비타민도 우리 몸에 바로 전달되지 않으면 신진대사 기능이 빠르게 저하되어 면역력이 떨어지고 여러 질병에 노출된다.

무엇보다 우리 몸의 영양소 흡수율은 나이가 들수록 떨어지므로 평소에 먹는 것도 먹는 것이지만 영양소가 실제로 우리 몸속에 전달되는 흡수율에 더욱 신경을 쓸 필요가 있다.

연령대에 따른 주요 영양소의 흡수율 변화

몸에 좋다는 음식, 즉 필수 영양소가 풍부하게 함유된 음식을 빠짐없이 챙겨먹고 있다고 해서 안심할 일이 아니다. 그렇게 열심히 챙겨먹은 음식이 여러 가지 이유로 흡수되지 못하여 우리 몸의 건강에 거의 도움이 되지 못할 수도 있기 때문이다. 흡수되지 못하는 영양소는 우리 몸으로서는 그림의 떡이다.

〈흡수율에 따른 비교 분석〉

비타민 흡수율		비타민은 종류에 따라 흡수율에 차이가 있으며, 섭취 후 2~3시간이면 몸 밖으로 배출된다. 20대에 흡수율이 가장 높고, 40~60대가 되면 20~30%로 크게 떨어진다.	30%로 저하
칼슘 흡수율		칼슘은 필수 핵심 영양소지만 흡수하기 어려워 특히 흡수에 노력해야 한다. 흡수율이 10~30대에도 30~40%에 불과하고, 40~50대는 20%, 60대에는 10%로 뚝 떨어진다.	20%로 저하
당질 흡수율		당질은 연령대에 따른 흡수율이 큰 차이가 없다. 그 대신 나이가 들면서 기초대사량이 점점 떨어지므로 당질의 섭취도 점점 줄이지 않으면 비만에 걸리기 쉽다.	비만의 원인
아미노산 흡수율		우리 몸을 이루는 단백질은 나이가 들면서 흡수율이 크게 떨어진다. 40대에 들어서면 30% 이하까지 떨어지므로 신경 써서 섭취해야 한다.	30% 이하로

이렇게 자기도 모르게 진행된 영양실조 상태가 10년, 20년, 30년 계속되면 우리 건강은 어떻게 될까?

〈내 몸에 일어나는 질환〉

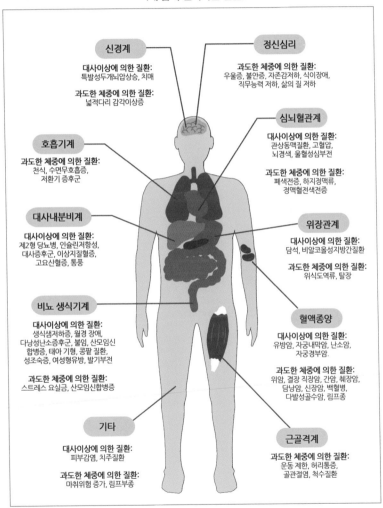

신경계
대사이상에 의한 질환:
특발성두개뇌압상승, 치매

과도한 체중에 의한 질환:
넓적다리 감각이상증

정신심리
과도한 체중에 의한 질환:
우울증, 불안증, 자존감저하, 식이장애,
직무능력 저하, 삶의 질 저하

심뇌혈관계
대사이상에 의한 질환:
관상동맥질환, 고혈압,
뇌경색, 울혈성심부전

과도한 체중에 의한 질환:
폐색전증, 하지정맥류,
정맥혈전색전증

호흡기계
과도한 체중에 의한 질환:
천식, 수면무호흡증,
저환기 증후군

대사내분비계
대사이상에 의한 질환:
제2형 당뇨병, 인슐린저항성,
대사증후군, 이상지질혈증,
고요산혈증, 통풍

위장관계
대사이상에 의한 질환:
담석, 비알코올성지방간질환

과도한 체중에 의한 질환:
위식도역류, 탈장

비뇨 생식기계
대사이상에 의한 질환:
생식샘저하증, 월경 장애,
다낭성난소증후군, 불임, 산모임신
합병증, 태아 기형, 콩팥 질환,
성조숙증, 여성형유방, 발기부전

과도한 체중에 의한 질환:
스트레스 요실금, 산모임신합병증

혈액종양
대사이상에 의한 질환:
유방암, 자궁내막암, 난소암,
자궁경부암

과도한 체중에 의한 질환:
위암, 결장 직장암, 간암, 췌장암,
담낭암, 신장암, 백혈병,
다발성골수암, 림프종

기타
대사이상에 의한 질환:
피부감염, 치주질환

과도한 체중에 의한 질환:
마취위험 증가, 림프부종

근골격계
과도한 체중에 의한 질환:
운동 제한, 허리통증,
골관절염, 척수질환

신진대사의 균형이 무너지면 노출되는 온몸의 질병

  며칠 정도 반짝 그러고 만다면 괜찮겠지만 영양부족 상태가 장기간 이어지면 신진대사의 균형이 무너져 위 그림에서 보는 대로 각종 질병에 노출되고 기대수명이 줄어든다. 앞에서도 알아보았듯이 특히 20대 이후에는 점차 영양소 흡수율이 떨어진다는 사실을 명심하고, 평소 음식의 영양소를 골고루 흡수할 수 있도록 좋은 식습관을 들일 필요가 있다.

3. 이제는 먹는 것에 주목해야 할 때

먹는 것이 바로 내 몸이다

우리는 불과 50년 전만 해도 먹을 것이 크게 부족해서 걸핏하면 배를 굶아야 했다. 지금은 배를 채우고도 남을 음식이 곳곳에 넘쳐나고 비만을 걱정해야 하는 시대다. 그래서인지 사람들 대부분은 과식의 함정에 빠져 비만해진 나머지 다이어트를 한다며 요란을 떤다. 탄수화물과 지방 같은 일부 영양소의 과잉 섭취로 고혈압, 당뇨, 비만 같은 만성 질환에 시달리는 것은 흔한 일이 되었다.

우리 한국인의 주식은 역시 흰쌀밥이다. 그런데 흰쌀은 섬유질과 비타민이 제거된 당분 덩어리에 지나지 않는다. 반찬을 제대로 챙겨먹지 못하면 전체 식단에서 탄수화물이 차지하는 비율이 90%가 넘게 된다. 심각한 불균형이다. 여기에다 포도당, 과당, 설탕 같은 단순당질까지 과다 섭취하면 문제가 더욱 심각해진다. 이런 당질은 혈액으로 빠르게 흡수되어 혈당을 급격히 높인다. 그러면 대량의 인슐린이 분비되어 당질을 지방조직 속에 축적함으로써 지방이 분해되지 못하도록 방해한다. 그래서 살이 찐다.

자연이 탄수화물을 줄 때는 단순당질 형태로는 주지 않는다. 섬유질과 함께 섭취하도록 복합당질 형태로 준다. 그런데 인간이 사탕수수에서 섬유질, 단백질은 다 버리고 단순당질인 정제 설탕을 만들어낸 것이다. 신체 건강에서 설탕은 악마의 유혹이다. 이 거부하기 힘든 유혹이 많은 사람을 비만과 성인병의 늪에 빠뜨린다.

자연 그대로 먹는 것이야말로 건강하게 사는 길이다. 그런데 저녁 회식이 건강한 생활의 최대 걸림돌이다. 퇴근하고 시작하면 밤 늦도록 회식이 이어지는 가운데 1차에서 1인당 소주 두어 병에 삼겹살, 찌개까지 포식하고 2차에서 생맥주 두어 잔은 기본이고 마른 안주에 심하면 치킨까지 곁들인다.

탄수화물은 g당 4cal, 지방은 g당 9cal, 알코올은 g당 7cal의 고열량을 내지만 필수 영양소는 거의 없으므로 빈 칼로리 식품이다. 알코올은 그 자체가 지방이 되지는 않으므로 술로는 살이 안 찐다고 생각하기 쉬운데 그렇지 않다. 알코올은 고칼로리 식품이어서 알코올을 많이 섭취하면 알코올에 밀린 다른 에너지원이 남아돌아 지방으로 축적된다. 결국, 알코올이 비만을 일으키는 주범이다.

보통 밥 1공기의 열량은 300Kcal 정도, 소주 1잔은 90Kcal, 맥주 1잔(200㎖)은 96kcal 정도다. 맥주나 소주 3~4잔이면 밥 1공기 열량과

맞먹는다. 술에 곁들여 먹는 안주류도 대개 고칼로리 식품이어서 회식 자리는 늘 지나친 열량을 섭취하게 된다. 예를 들어 소주 1병에 삼겹살 1인분을 먹으면 1,000Kcal 이상을 섭취하게 된다.

더 나쁜 것은 밤에 그렇게 엄청난 칼로리를 섭취하고 나서 바로 쓰러져 잠든다는 것이다. 우리 몸은 밤이 되면 부교감신경계가 활발히 활동함으로써 체내로 들어오는 영양소를 열심히 지방으로 축적한다. 따라서 이런 과정이 반복되면 단기간에 심각한 비만에 빠질 수 있다. 내가 먹는 음식이 내 몸을 구성하는 물질이 된다. 따라서 내 몸을 건강하게 유지하려면 건강한 음식을 올바르게 챙겨 먹는 것이 기본이다.

음식과 약은 같은 근본이다

다른 동물과 마찬가지로 인간은 먹어야만 살 수 있는 존재지만, 음식은 단지 먹는 것에 그치는 것이 아니라 건강 그 자체라고 할 수 있다.

건강을 위한 약재라면 일찍이 고려인삼이 국내는 물론 동아시아에서 독보적일 정도로 알아주었다. 오늘날 다양한 형태로 개발된 인삼 제품은 국내 수요도 크지만, 효자 수출상품이기도 할 만큼 한류의 요소이기도 하다.

이런 인삼도 모든 사람에게 영약이 되지는 않는다. 우리가 아는 일반 상식으로 인삼은 건강에 유익한 성분을 풍부하게 함유하지만, 모든 사람에게 같은 효과를 보이진 않는다. 몸의 상태와 체질에 따라 다르게 반응하고 다른 효과를 보이는 것이다.

여기서 약이 되는 음식, 즉 약선(藥膳)의 개념이 나온다. 사람에게는 각자 고유한 체질이 있고, 그 체질과 병증에 가장 적합한 음식이 있다. 한의학에서는 저마다의 체질을 알고 이에 적합한 음식을 먹는다면 질병을 예방하고 치료할 수 있다고 본다. 이는 의학의 아버지라 불리는 히포크라테스의 "음식으로 고칠 수 없는 병은 약으로도 고칠 수 없다"는 말과도 상통한다. 그만큼 먹는 것이 건강에 중요하다는 의미다.

동서양을 관통하는 이런 인식은 "음식과 약은 그 근본이 같다"는 약식동원(藥食同源)으로 요약된다. 약식동원은 당나라 때 중국 최초로 임상 백과 전서를 만든 손사막이 제창한 개념으로, '무릇 병을 치료하고자 하면 먼저 음식으로 치료해보고 낫지 않으면 약으로 치료해야 한다'는 것이다. 이러한 약선 개념은 음식의 역할에 대한 사회적 인식 제고와 생활습관병과 노령화에 따른 질환의 증가로 중요성이 나날이 증가하고 있다.

건강에 대한 개념도 좀 더 넓고 적극적으로 바뀌고 있다. 세계보건기구도 "단순히 질병이 없거나 허약하지 않은 상태가 아니라 신체적·정신적·사회적으로 건강한 상태"로 건강을 정의한다. 이는 신체의 안녕뿐만이 아니라 정신의 안녕과 사회적 안녕까지도 건강 개념에 포함하는 것으로, 행복하게 사는 것이 진정으로 건강하게 사는 것임을 의미한다. 음식과 약은 그 근본이 같다는 인식은 이런 확장된 건강 개념에서 나온 것이다.

몸이 건강해지는 식습관

먹으면 힘이 세지고 혈기가 왕성해지는 식품을 강장식품이라 한다. 이런 강장식품은 동·식물류를 골고루 먹어야 하는데, 그중에는 영양학적 근거가 전혀 없는 순전히 심리적인 것도 있다. 흔히 남자들이 정력에 좋다고 즐겨 먹는 음식이 있는데, 생선 알, 전복, 해삼, 굴, 장어, 옻닭, 홍삼, 마, 셀러리, 파, 마늘 등이다. 이런 강장식품은 단백질이 풍부하고 지방도 적지 않다. 지방질에서 나오는 콜레스테롤은 동맥경화증의 원인이 되지만, 성호르몬의 원료로써 정력을 상징하기도 한다.

단백질과 콜레스테롤 함량이 풍부한 식품은 주로 동물성으로, 산성 식품에 속한다. 산성 식품은 체질을 약하게 만들어 성인병을 유발한다. 그러므로 정력에 좋다고 무조건 많이 먹어서는 안 되고 식물성 식품과 균형을 맞춰 섭취할 필요가 있다.

우리 몸의 혈액은 늘 일정한 수소이온 농도를 지녀야 한다. 혈액이 약한 알칼리성 상태를 유지해야 몸은 건강한 상태가 되는데 산성으로 기울어지면 몸이 피곤을 느끼고 저항력이 약해져 질병에 걸리기 쉽다.

그러므로 몸이 산성화되지 않도록 알칼리성 식품을 챙겨 먹을 필요가 있다. 그렇다고 해서 알칼리성 식품만 편식하는 것도 문제가 된다. 우리 몸의 건강을 유지하는 데는 산성 식품도 필요하고 알칼리성 식품도 필요하다. 산성 식품은 독이 되고 알칼리성 식품만이 유익하다고 생각하는 것은 잘못이다. 사실 우리 몸의 산성화에 더 크게 작용하는 것은 음식보다는 신경과민, 과로, 수면 부족 같은 외적 환경이다.

그러므로 **몸의 산성화를 막으려면 스트레스 같은 정신적 긴장을 잘 관리하는 한편으로 평소에 채소, 과일, 해조류, 우유, 콩 같은 알칼리성 식품을 꾸준히 섭취하는 것이 중요하다.** 산성화한 몸이 며칠 만에 뚝딱 알칼리성으로 바뀌지는 않기 때문이다.

건강한 몸을 유지하는 데 중요한 또 하나의 습관은 물을 충분히 마시는 것이다. 우리 몸은 70%가 물로 구성되어 있고 매일 마시는 물은 몸의 건강과 밀접한 관계를 지닌다. 물은 체내에 빠르게 흡수되기 때문에 우리가 마신 물은 30분 이내에 인체의 모든 곳에 전달된다. 30초 이내에 혈액에 도달하고, 1분이면 뇌 조직과 생식기에 도달하며, 10분 후에는 피부에, 20분 후에는 장기에, 30분이면 인체의 모든 곳에 도달한다.

물은 생명의 시작이자 자연이 준 보약이다. 물은 인체의 신진대사 활동에 꼭 필요한 요소로 체내에서 1%의 물만 사라져도 심한 갈증과 고통을 느끼며, 부족하면 탈수 혹은 혼수상태를 일으킬 수 있다. 하루에 배출하는 수분은 2L쯤으로 적어도 이만큼의 물은 섭취해야 쾌적한 건강한 몸 상태를 유지할 수 있다.

아침에 일어나자마자 마시는 물(2잔)은 몸 안의 기관들이 깨어나게 하는 데 도움을 주고, 식사하기 30분 전에 마시는 물(1잔)은 소화를 촉진한다. 그리고 목욕하기 전에 마시는 물(1잔)은 혈압을 내려주고, 잠자리에 들기 전에 마시는 물(1잔)은 뇌졸중이나 심장마비를 방지한다. 그렇다고 아무 물이나 마시면 안 된다. 무엇보다 유해 성분이 없고 깨끗한 물이어야 하며, 미네랄이 적당히 함유된 약알칼리성 물이라면 더 좋다. 게다가 활성수소가 함유된 물이라면 금상첨화다.

물을 충분히 마시라고 하니까, 그러면 식사 때 국물이나 숭늉 등 수분을 많이 섭취하면 되지 않느냐는 사람이 있는데 그렇지 않다. 그러면 소화에 지장이 있으므로 식사는 되도록 고체 음식을 먹고 평소에 여러 차례에 나눠 물을 충분히 마시는 것이 좋다.

4. 내 몸에 필요한 영양소 분포도

오늘 먹은 영양소가 내일의 내 몸을 결정

우리 몸은 세포들이 모인 조직, 조직들이 결합한 기관, 기관들이 상호 연계된 기관계로 이루어진다. 세포는 모든 생물의 기본단위인데, 우리 몸은 75조 개 이상의 세포로 이루어진다.

그런데 우리 몸에서는 날마다 1조 개 이상의 세포가 새로 교체되는 엄청난 신진대사가 일어난다. 장기 조직은 20일 안팎, 피부 조직은 30일 안팎, 혈액은 120일 안팎이면 거의 모두 새로 교체된다.

우리 몸이 나이 들어서도 생리 기능이 활발하다면 뼈의 세포는 3년 주기로 교체된다. 이렇게 우리 몸이 새로워지는 데는 영양소의 흡수율이 매우 중요하다.

우리가 섭취하는 음식에 함유된 영양소는 사실 흡수율이 생각보다 낮아서, 충분히 섭취했다고 여기는데도 영양부족 상태가 되기 쉽다. 비타민류는 체내 흡수율이 대개 60~70%이다. 비타민C는 가장 낮아서 34%만 체내에 흡수되어 이용되는데, 그나마 공복일 때만 가능하다. 게다가 비타민은 조리 과정에서 50%나 손실되므로, 우리 몸이 실제로 활용하는 양은 원재료에 함유된 양의 20~30%에 불과하다.

이런 사정을 고려하여 필수 영양소를 골고루 충분히 섭취하면 우리 몸의 생리 기능을 1.5배나 개선하는 효과를 볼 수 있다.

내 몸에 필요한 비타민과 역할

비타민은 에너지원으로 쓰이거나 몸을 구성하지는 않지만 적은 양으로 생리 작용을 조절한다.

특히 효소의 기능을 도와 물질대사를 촉진하는 작용을 한다. 비타민 대부분은 체내에서 합성할 수 없으므로 음식물을 통해 섭취해야 하며 부족하면 결핍증을 일으킨다.

종류	작용	함유 식품
비타민A	탁월한 항산화 작용과 림프구 활성화로 면역력을 높여 눈, 피부, 점막을 보호한다. 결핍되면 야맹증, 각막건조증을 유발한다.	장어, 미꾸라지, 간, 당근, 호박, 수박, 쑥, 메밀, 고구마, 시금치
비타민B1	신경전달 유지에 필요한 영양소로, 근육 피로를 해소하고 당을 에너지로 바꿔준다. 결핍되면 각기병을 유발한다.	현미, 아스파라거스, 돼지고기, 팥, 냉이, 콩나물, 밤, 옥수수

비타민B2	지방을 에너지로 바꿔주어 다이어트에 좋고, 호르몬의 균형을 잡아주어 면역력을 향상하는 데 도움을 준다. 결핍되면 암, 심혈관계 질환, 당뇨 등을 유발한다.	미꾸라지, 현미, 치즈, 시금치, 콩, 버섯, 요구르트, 육류
비타민B6	신진대사의 필수 영양소로 단백질을 분해하여 피부, 점막, 혈액, 손발톱, 뼈 등의 생성을 돕는다. 결핍되면 빈혈, 경련, 우울증 등을 유발한다.	현미, 등푸른생선, 유제품, 쇠간, 고구마, 바나나, 당근
비타민B12	아미노산, 핵산, 엽산의 대사에 관여하며 혈액과 신경 세포를 건강하게 유지하고 DNA를 만드는 데 필요하다. 결핍되면 악성빈혈, 골다공증, 우울증 등을 유발한다.	어패류, 해조류, 소·돼지·닭 등의 간, 달걀, 유제품
비타민C	탁월한 항산화 작용으로 면역력을 높이고, 콜라겐을 형성하여 뼈의 생성을 돕는다. 결핍되면 괴혈병, 피부 노화, 상처 치유 지연, 면역력 저하 등을 유발한다.	고추, 토마토, 브로콜리, 피망, 딸기, 망고, 오렌지 같은 과일 채소류
비타민D	뼈, 치아를 만드는 칼슘과 인의 대사작용을 돕고, 신장 기능을 조절하며, 장의 작용을 활성화한다. 결핍되면 구루병, 우울병, 불면증, 골다공증, 치매 등을 유발한다.	유제품, 등푸른생선, 연어, 굴, 달걀노른자, 버섯, 새우, 시래기, 대구 간유, 햇빛(자외선)
비타민E	탁월한 항산화 작용으로 혈액을 맑게 하고, 면역체계를 개선하며, 콜레스테롤 수치를 조절한다. 결핍되면 근육 약화, 시력 장애, 면역력 약화 등을 유발한다.	견과류, 아보카도, 시금치, 호박, 빨간 피망, 아스파라거스
비타민K	지혈 작용을 하고, 뼈를 튼튼하게 하며, 심혈관 질환을 예방한다. 결핍하면 과다출혈, 생리불순, 골다공증 등을 유발한다.	녹황색 채소, 간, 곡류, 과일, 해조류, 콩류

비타민 외 필수 영양소와 역할

우리 몸이 생명 활동을 하려면 비타민 외에도 탄수화물, 단백질, 지방, 미네랄 같은 영양소가 꼭 필요하다. 이들 영양소는 체내에서 합성할 수 없으므로 음식물을 통해 고루 섭취해야 한다. 무엇보다 물은 빼놓을 수 없는 생명수다.

영양소	작용	함유 식품
탄수화물	포도당, 설탕, 녹말, 글리코젠, 올리고당 등의 탄수화물 대부분은 몸의 에너지원으로 이용되고, 일부는 세포의 구성 성분으로 쓰인다. 결핍되면 무기력증, 변비, 입 냄새, 운동능력 저하 등을 유발한다.	과일, 꿀, 사탕수수, 엿보리, 밀, 옥수수, 감자, 고구마, 뿌리채소류
단백질	여러 종류의 아미노산이 여러 개 연결되어 단백질을 이룬다. 단백질은 신체조직의 성장과 유지를 담당 할뿐더러 세포 내 각종 화학 반응의 촉매(효소)로 작용하며, 항체를 형성하는 등의 중요한 역할을 한다. 결핍되면 체중 증가, 근육 약화, 노화, 피로 등을 유발한다.	아몬드, 두부, 귀리, 육류, 요구르트, 콩류, 브로콜리, 달걀
지방	지방은 에너지 저장에 효과적이어서 여분의 탄수화물이 지방으로 저장된다. 피하에 저장된 지방층은 체온 유지에 중요한 역할을 하지만, 지나치게 저장되면 비만에 따른 합병증을 유발한다.	유제품, 치즈, 코코넛, 다크 초콜릿, 버터, 생선, 진녹색 채소, 올리브유
미네랄	무기질 영양소다. 칼슘은 근육 수축과 혈액 응고에 관여하고, 나트륨과 칼륨은 세포막에서 단백질의 물질 수송에 관여한다. 철은 헤모글로빈, 아이오딘은 갑상선 호르몬 성분이다. 결핍되면 자율신경계 기능 저하를 유발한다.	표고버섯, 오이, 마늘, 견과류, 씨앗류, 해조류
물	우리 몸의 세포내액, 체액의 주성분이 된다. 여러 영양소를 녹여 운반하고, 노폐물을 밖으로 배설한다. 생체 내 화학 반응을 돕고, 체온 유지 역할을 한다.	용존산소량과 미네랄이 풍부, 분자가 작은 물이 좋다

2장

눈이 번쩍 뜨이는 섭취의 비밀

만약 50년 전의 영양소 함유량 관련 자료를 갖고 있다면 지금은 아무 쓸모가 없다. 50년 전에 비하면 시금치는 비타민C가 3분의 1로, 미네랄(철분 등)이 6분의 1로 그 함유량이 줄었다. 대량생산을 위한 약탈농업으로 인해 토양의 미네랄이 계속 줄어들어 왔기 때문이다. 게다가 정제기술이 발달하면서 쌀과 같은 곡류의 영양소가 정제 과정에서 유실되어 크게 줄어든 이유이기도 하다.

1. 파괴되는 영양소, 어떻게 지킬까?

식재료는 우리 몸에 필요한 다양한 영양소를 함유하고 있다. 그 함유량을 다 흡수하면 더할 나위 없이 좋겠지만, 섭취하는 과정에서 여러 가지 이유로 영양소 대부분은 절반 이상이 파괴되고 우리 몸에서 최종 흡수하여 이용하는 분량은 절반에도 못 미친다.

식재료에서 비타민 같은 민감한 영양소는 대개 조리하는 과정에서 열에 의해 파괴되기 쉽다. 또 무사히 섭취한 영양소마저 우리 몸이 신진대사의 문제로 흡수하지 못하여 소용없게 되는 경우도 많다.

섭취 방법에 따라 달라지는 영양소 보존율과 흡수율

달걀의 단백질은 섭취하는 방법에 따라 흡수율이 달라진다. 조리된 달걀은 날달걀보다 단백질의 보존율이 더 높을뿐더러 체내 흡수율이 1.8배나 높다.

비타민C를 파괴하는 주 원인은 물에 삶는 경우다. 브로콜리, 시금치, 양상추 같은 채소는 비타민C의 보고인데, 물이 삶으면 비타민C를 절반 이상까지 잃을 수 있다. 많은 연구에서 채소를 끓이면 수용성 비타민인 비타민B와 C 등이 물로 빠져나가 활성산소 제거 능력을 잃는 것으로 나타났다.

비타민B가 풍부한 돼지고기도 물에 끓여 익히면 티아민, 나이아신 등 비타민B군의 영양소가 물에 녹아 나온다. 이때 삶아낸 물을 고기와 함께 섭취하면 비타민B군은 최대 90%, 미네랄은 100% 흡수할 수 있다.

생선은 기름에 튀기거나 불에 굽는 것보다 물에 넣고 끓이면 오메가-3 지방산의 함량을 가장 잘 보존하는 것으로 나타났다.

소고기, 돼지고기, 닭고기 같은 육류는 불에 구우면 비타민B와 미네랄이 40%까지 손실되는 것으로 나타났다. 게다가 육류는 고온에 노출하는 시간이 길어질수록 발암물질 생성 가능성이 큰 것으로 나타났다.

볶음 요리도 식재료의 종류에 따라 영양소 보존율이 달라진다. 브로콜리를 기름에 볶으면 비타민C, 엽록소와 수용성 단백질 손실이 끓이는 것보다는 훨씬 덜하지만, 그래도 상당량 손실된다.

전자레인지는 조리시간이 짧고 열에 대한 노출 시간이 줄어 영양소가 비교적 잘 보존된다. 마늘과 버섯은 전자레인지에서 조리

했을 때 항산화 성분을 가장 잘 유지하는 것으로 나타났다. 녹색 채소도 전자레인지에서 조리하면 비타민C 손실량이 20~30% 안팎에 불과한 것으로 나타났다.

사실 끓이거나 굽는 것보다 찌는 조리법이 채소의 영양소를 보존하는 데는 가장 적합하다. 브로콜리를 쪄서 먹으면 항암 성분인 글루코시놀레이트의 농도를 오히려 증가시킨다. 당근도 마찬가지다. 당근을 찌면 생것일 때보다 카로티노이드(비타민A로 전환)가 15% 이상 증가하고 흡수율도 10%에서 50~70%까지 높아진다.

식재료별 영양소 지키기

사서 먹고 남은 채소는 보관할 때 생장점을 제거하고 햇빛에 노출되지 않도록 해야 한다. 그렇지 않으면 영양소가 생장하는 데로 빠져나가 정작 본 재료에는 아무 영양소도 남아 있지 않게 된다.

브로콜리의 생장점은 꽃눈이다. 줄기 끝에 자잘하고 빽빽하게 달린 것이 꽃눈인데, 여기에 영양소를 공급하느라 줄기가 빨리 시든다. 그러므로 브로콜리는 생장점이 활성화하지 못하도록 여러 개로 나눠놓아야 한다.

양배추의 생장점은 가운데 있는 심이므로, 이 부분만 떼어놓는다. 그리고 영양소가 몰려 있는 잎 부분은 잘게 썰지 말고 큼지막

하게 썰어 영양소의 유실을 막는다.

부추는 뿌리와 잎을 반대 방식으로 손질한다. 뿌리에 함유된 알리신은 잘게 썰수록 활성화하지만, 잎에 함유된 비타민C는 잘게 썰수록 영양소가 많이 유실된다.

당근은 중심부에서 바깥쪽으로 영양소를 보내므로, 껍질에는 중심부보다 비타민A로 전환되는 베타카로틴이 2.5배나 많다. 그러므로 당근은 가로로 원형을 살려 썰어서 중심부와 껍질을 함께 먹도록 해야 한다. 만약 잎이 달린 당근이라면 잎을 떼고 보관해야 한다. 그렇지 않으면 영양소가 다 잎으로 옮겨가서 뿌리에는 아무것도 남지 않게 된다.

배추는 반으로 갈라 생장점인 중심부를 도려내 그 부분을 먼저 조리해 먹는 것이 좋다. 겉잎은 큼직하게 써는 것이 비타민을 보존하는 데 좋다. 배추는 소금을 뿌려 1시간 정도 절여두면 효소가 활성화되어 스트레스와 피로 해소에 특효가 있는 가바(아미노산의 일종)가 6배나 증가한다.

양파와 마늘은 잘게 썰수록 좋고, 아예 갈면 더 좋다. 양파와 마늘은 아미노산의 일종인 알리인을 풍부하게 함유하는데, 잘게 썰리거나 갈리면서 분해되어 알리인으로 변화한다. 알리신은 피로 해소, 체력 증진, 항암, 항산화에 탁월한 효능을 보이는 영양소다. 노란색을 띠는 양파 중심부에 영양소가 모여 있으니 버리면 안 된다.

녹황색 채소인 피망은 비타민B, 비타민A로 전환되는 베타카로틴 성분을 레몬의 3배나 함유하고 있는데, 주로 껍질 부분에 몰려 있다. 세포가 세로로 배열된 피망은 세로로 썰어야 영양소가 보존되는데, 문제는 쓴맛도 그대로 살아있다는 것이다. 바로 이 쓴맛을 내는 성분이 몸의 독소를 빼고 고혈압을 예방하며 혈액순환을 촉진하는 중요한 영양소라서 없애서는 안 된다. 그런데 피망을 치즈와 함께 조리하거나 전자레인지에 구워 단맛을 낸 다음에 세로로 썰면 영양소를 보존하면서도 쓴맛을 해소할 수 있다. 피망에는 열에 약한 비타민C도 풍부한데, 열로부터 비타민C를 보호하는 비타민P도 함께 들어 있어서 마음 놓고 열에 익혀도 된다.

〈열을 가할 때 파괴되는 영양소 구분〉

구분	파괴되는 영양소
가열조리	비타민C, 비타민B1, 비타민B2, 비타민B6, 엽산, 비타민A와 β카로틴, 비타민T(오랜 냉동상태에서는 파괴)
구울 때	라이신, 메치오닌, 시스틴, 시스테인, 트레오닌, 트립토판, 히스티딘, 아르기닌, 아스파라긴, 글루타민산, 아스파라긴산, 세린
끓일 때	글루타민, 아스파라긴

2. 모든 병은 먹는 것에서 온다

'혈액 비만'이라고도 하는 고혈압은 혈액의 순환을 저해하는 지방이 그 원인이다. 혈액 순환이 원활하다는 것은 혈액 속에 기름기가 없다는 뜻이다.

혈액에 기름기가 끼어서 혈액이 뻑뻑해져 멀리 보내려면 그만큼 심장이 힘차게 뛰어야 한다. 이럴 때 혈압이 올라가는데, 이것이 지속되면 고혈압이 된다.

지방을 과다 섭취하면 몸에 해롭다는 것은 누구나 알지만, 그 특유의 고소한 맛 때문에 '적당히' 조절하기가 어렵다. 주로 육류에 함유된 포화지방(동물성 지방)과 불포화지방(식물성 지방)에 수소를 첨가해 고체 상태로 만드는 과정에서 생성된 트랜스지방이 고혈압의 주범이다.

이런 고체지방은 고소한 맛이 풍부하고 열에 강해 튀기거나 굽는 요리에 가장 많이 사용되고, 커피 프림, 라면, 도넛, 치킨, 빵을 비롯하여 거의 모든 인스턴트 식품에 많이 들어 있다. 그런가 하면, 우리 몸에 유익한 지방이 있는데, 액체 상태의 불포화지방이다. 식물성 기름과 생선 기름에 풍부하게 함유된 불포화지방은 단일 불포화지방과 다가 불포화지방으로 나뉘는데, 단일 불포화지방은 우리 몸에서도 합성되지만, 오메가-3나 오메가-6 같은 다가 불포화지방은 그렇지 못하므로 반드시 섭취해야 하는 필수지방산이다.

고혈압의 시작은 고지혈증이다. 고지혈증은 혈액 속에 지방이 과다한 상태로, 튀김이나 햄버거 등에 함유된 고체지방을 과다 섭취한 것이 원인이다. 고기 굽고 난 기름으로 밥을 볶아먹는 것은 최악이다. 고체지방 덩어리를 폭식하는 셈이기 때문이다.

혈액 속에 콜레스테롤(지방)이 많아지면 LDL(저밀도지방단백질)이 생성되어 콜레스테롤을 지방세포와 간으로 옮겨 분산시킨다. 혈액으로서는 LDL가 고마운 존재다. 하지만 간에 콜레스테롤이 과도하게 쌓이면 간이 제 기능을 하지 못하므로 LDL는 콜레스테롤을 혈관 벽에다 나르기 시작한다. 그러면 혈관이 석회화하는 동맥경화가 진행된다. 그러다가 지방의 유입이 적어지면 HDL(고밀도지방단백질)이 생성되어 혈관 벽에 붙은 지방을 간으로 옮겨 혈관 벽을 청소한다.

그러니까 결국은 지방의 유입량에 따라 혈관의 건강이 좌우된다. 동맥경화가 무서운 병인 것은 자각증상이 거의 없다가 동맥이

70% 넘게 막히고서야 증상을 느낀다는 것이다. 동맥경화는 심하면 뇌경색, 심근경색, 뇌출혈, 심장마비로 이어지기 쉽다.

혈압이 상승하는 주요 원인으로는 콜레스테롤, 중성지방, 스트레스 3가지를 꼽을 수 있다. 우리 몸의 콜레스테롤 중 80%는 간에서 생성되는데, 문제는 밖에서 들어오는 콜레스테롤이다. 고체지방을 과다 섭취할 경우 남아도는 지방이 혈관에 쌓이는 것이다.

탄수화물을 과다섭취하면 남는 칼로리가 지방으로 전환되어 체내에 저장되는데, 이것이 중성지방으로, 살을 찌운다.

스트레스를 받으면 스트레스 호르몬 코티솔이 혈액 속으로 분비되는데, 이 호르몬의 원료가 콜레스테롤이다. 바로 이 스트레스로 인한 고혈압이 골치 아프다. 음식으로 인한 고혈압은 식이요법으로 어렵잖게 치료할 수 있지만, 스트레스로 인한 고혈압은 치료가 어렵고 비상한 인내심이 필요하다.

3. 갈수록 줄어드는 식재료 자체의 영양소

지구 환경과 작물 재배방식이 변하면서 재배되는 작물의 영양소 함유량도 영향을 받게 되었다. 만약 50년 전의 영양소 함유량 관련 자료를 갖고 있다면 지금은 아무 쓸모가 없다.

50년 전에 비하면 시금치는 비타민C가 3분의 1로, 미네랄(철분 등)이 6분의 1로 함유량이 줄었다. 대량생산을 위한 약탈농업으로 인해 토양의 미네랄이 계속 줄어들어 왔기 때문이다. 게다가 정제기술이 발달하면서 쌀과 같은 곡류의 영양소가 정제 과정에서 유실되어 크게 줄어든 이유이기도 하다.

그래서 50년 전에는 시금치 한 단이면 충분했던 영양소도 지금은 세 단을 먹어야 충족하게 되었다. 그런 데다가 현재 성인의 70%가 채소 섭취량 부족 상태라고 하니, 현대인은 필수 영양소 부족으로 많은 질병에 노출되었다는 진단이 괜히 나온 게 아니다.

어떤 식재료의 영양소가 얼마나 줄었을까?

식재료	영양소 함유량 변화(1970 → 2020년)
당근 비타민A는 5분의 1 이하로 줄었다.	1970 ——————————(4,000μg) 2020 —— (700μg)
아스파라거스 비타민B$_2$는 2분의 1로 줄어들었다.	1970 ——————————(0.3μg) 2020 ——————(0.15μg)
양배추 비타민C는 2분의 1로 줄어들었다.	1970 ——————————(80μg) 2020 ——————(40μg)
시금치 철분은 6분의 1로 줄어들었다.	1970 ——————————(12μg) 2020 —— (2μg)

"지구온난화, 작물의 영양소 손실로 이어져"

세계 최고 권위의 과학지 〈네이처〉는 "지구온난화로 인하여 작물의 영양소가 손실될 것"이라는 내용의 보고서를 발표했다.

하버드공중보건대학의 사무엘 마이어스 박사는 온실가스 농도가 작물의 영양 상태에 미치는 영향을 알아보는 실험에서, 솟구치는 온실가스 농도가 호밀, 옥수수, 콩과 같은 작물의 영양가에 부정적인 영향을 미치고 있다는 사실을 발견했다. 공기 중 이산화탄소의 농도가 증가할수록, 아연과 철분과 같은 생존에 필수적인 미네랄 성분의 농도가 감소하는 현상을 발견한 것이다. 마이어스 박사는 작물 내 미네랄 농도의 감소는 대부분의 필수 미네랄 성분을 상위 작물의 섭취에 의존하고 있는 빈곤 계층의 생사에 큰 영향을 미칠 것으로 내다보았다.

그는 공기 중의 이산화탄소 농도 증가가 작물에 미치는 방식은 작물별로 다르게 나타난다고 했다. 가령, 21세기 중반에 다다를 것으로 추정되는 이산화탄소의 농도를 기준으로 할 때, 아연, 철분, 단백질 농도가 호밀에서는 각각 9.3%, 5.1%, 6.3% 감소할 것으로 내다보인 가운데 옥수수와 수수에서는 감소 폭이 훨씬 작을 것으로 내다보았다. 쌀은 영양소 관점에서 공기 중 이산화탄소 농도에 상당히 높은 내성을 지닌 것으로 드러났다.

이번 연구를 통해 분명히 드러난 사실은 온실가스 농도가 지속하여 높아진다면 지구촌 영양 상태에 적신호가 켜질 수 있다는 것이다. 따라서 지구촌 전체는 무엇보다 우선 온실가스 배출량 자체를 감소시키는 데 모든 노력을 기울여야 한다. 동시에, 농장주들은 고농도 이산화탄소에 내성을 지닌 것으로 확인된 작물의 경작 비중을 높일 필요가 있다. 필요하다면 아연과 철분을 포함한 보조제 사용도 권장해야 한다.

4. 무엇을 어떻게 먹어야 좋을까?

영양소를 100% 흡수하도록 잘 먹는 방법

앞에서 얘기한 대로 영양소는 재배환경 때문에 재료에서부터 크게 줄어들고 있지만, 그나마도 보관이나 조리 과정에서 잘못하여 추가로 손실되는 양이 적지 않다. 그동안 우리에게 익숙해진 많은 조리법이 실은 영양소 파괴의 주범이었음이 속속 밝혀지고 있다. 우리 몸의 건강을 위해 이제 영양소를 새롭게 섭취할 때다.

과 정	영양소 보존 또는 늘리기
보관	보관만 제대로 해도 맛과 영양이 배가된다. 식재료의 보관 정보를 미리 알아보는 것이 영양소를 버는 길이다. 먹는 타이밍도 중요하므로 제때 먹어야지 마냥 보관할 것은 아니다.
손질	손질 방법에 따라 영양소의 보존율이 달라진다. 자르는 것도 가로냐 세로냐에 따라, 크기에 따라 영양소 손실 여부가 갈린다.
조리	굽기, 삶기, 끓이기 등 조리법에 따라 영양소의 증감과 업그레이드 여부가 갈린다. 식재료는 저마다의 특성에 맞게 조리하면 영양소를 최대 8배까지 증가시킬 수 있다.
조미료	조미료를 재료와의 궁합에 맞게 잘 쓰면 맛은 물론 영양소까지 크게 늘릴 수 있다. 가령, 어떤 식재료는 식초나 기름과 함께 먹으면 체내 흡수율이 크게 높아진다.

5. 이제 향기도 먹는 시대다

"향기를 먹었다"는 이집트 여왕 클레오파트라

향료의 라틴어(Per Fumum) 어원은 '연기로부터 나온 것'이다. 아주 옛날 원시시대 사람들이 우연히 벼락을 맞고 불타는 식물에서 매혹적인 향기를 맡게 되었다. 그래서 어떠한 특정 식물이 불을 만나 탈 때 나는 연기는 매캐한 향과 다른 특별한 향을 낸다는 점을 알게 된 것이다. 그때부터 원시인들은 그 특별한 향기를 제천의식에 바침으로써, 향기를 지상의 제단을 정화하여 악령을 물리치고 하늘의 신을 부르는 매개로 삼았다.

고대 이집트인은 향기의 대가들이었다. 이들은 종교의식뿐 아니라 일상생활에서도 향을 즐겨 사용했다. 향기 나는 음료와 과자를 먹고, 향료가 들어간 물로 목욕을 했다. 이집트의 여왕 클레오파트라는 '향을 바르고 피우며 심지어 먹었다'는 얘기까지 있을 정도로 향기 마니아로서, 나일강 가에 향료 공장을 세웠을 만큼 향기 사랑이 대단했다.

이처럼 향기의 역사는 인류의 역사와 함께 시작되었을 만큼 오래되었다. 지금껏 향기는 코로 맡는 기체로만 여겨왔고 실제로도 그랬다. 그런데 흥미로운 것은 클레오파트라가 "심지어 향기를 먹었다"는 기록이다. 이는 설화 기록이라서 클레오파트라의 향기 사랑을 부풀린 나머지 나온 얘기일 수도 있겠지만, 오늘날 마침내 '향기를 먹는' 일이 실현되었으니, 마냥 설화로만 볼 일도 아니지 싶다.

천연 향기를 액체로 마시는 향기의 혁명

현대인이 건강을 위해 애용하는 대표적인 향기는 마음을 안정시키는 효능을 지닌 오렌지 향, 불면증을 치유하고 숙면 효과가 탁월한 라벤더 향, 머리를 맑게 해주는 로즈마리 향, 상큼하면서도 다이어트에 도움을 주는 사과 향 등이다.

다양한 향기의 효능을 이용한 치유 행위의 역사는 오래되었다. 고대 중국, 인도, 이집트 등에서는 일찍이 동식물로부터 기름 성분을 얻거나 향기가 나는 부위를 이용해서 다양한 치유 행위에 사용한 것으로 전해진다.

현대에 와서는 20세기 초에 프랑스 병리학자 가타 퍼스가 향기를 활용한 치유요법을 통틀어 '아로마세러피' 라고 이름 붙였다. 현대에는 주로 천연 에센셜 오일을 사용해서 향 자체의 치유 효과를 얻기도 하고, 마사지나 목욕 같은 물리적 행위에 에센셜 오일을 함께 사용함으로써 치유 효과를 증대시키는 요법도 시행하고 있다.

코로 흡입되는 향기 물질은 정기적 치료를 통해 대뇌변연계에 속하는 해마와 편도체를 직접 자극하는데 향기 물질의 종류에 따라 인지기능을 담당하는 뇌 부위가 활성화하기도 하고, 언어나 청각을 담당하는 부위가 활성화되기도 하는 등 다양한 뇌의 반응이 유도된다. 따라서 향기 물질의 흡입을 통해 후각을 자극하는 것만으로도 기억력, 인지력, 집중력이 향상되기도 하고 불안감이나 우울감이 나아지기도 한다. 가령, 우울감 해소에는 라벤더 향기가 효과적이다.

몸의 치유에 주안점을 두는 향기 치유와 구분하기 위해 향기가 심리에 미치는 영향을 연구하는 분야를 '아로마콜로지' 라고 한다. 아로마의 심리를 결합한 용어로, 한의학에서 정신과 질환에 도움을 준다는 향기의 작용과 일맥상통한다.

현대에 들어 많은 질병이 육체보다는 정신적 문제로 비롯한다는 사실이 밝혀졌으며, 치료에 앞서 예방의학을 더욱 강조되게 되었다. 그리하여 향기를 이용한 심신의 건강과 질환의 개선이 더욱 관심을 받게 되었다.

이런 가운데 전통적인 향기의 개념을 뒤집는 향기의 혁명이 일어났다. '마시는 향기'의 출현이다. 지금까지는 기체 상태의 향기를 코로 흡입했다면, 이제 액체 상태의 향기를 입으로 마시게 된 것이다. 꽃과 같은 향기를 머금은 원천에서 천연 향기를 손상이나 손실 없이 액체 상태로 포집하는 기술적 문제를 해결한 것이다. 이전에는 천연 향기의 시간적·공간적 제약을 해소하고 상시로 이용할 방법이 없었는데, 천연 향기를 액체 상태로 포집하여 저장할 수 있게 됨으로써 향기도 방향제를 넘어 영양제로도 기능할 수 있게 되었다. 이제 향기를 먹는 시대가 열린 것이다.

3장

세계 최초로 개발에 성공한 '마시는 향기'

이제 향기도 마시는 시대가 열렸다. 향기를 마실 수 있게 된 데는 하나의 집념 어린 기술 개발의 노력이 숨어 있다. MHM으로 불리는 획기적인 농축기의 개발이다. 고진공, 저온, 고속의 3대 핵심 기술을 실현한 이 특별한 다목적 식품제 조기는 추출, 농축, 고농축, 향기 포집, 증류와 같은 복합기능을 갖추고 천연화 장품, 천연방향제 등 습식으로 된 다양한 제품을 단시간에 생산할 수 있다.

1. 마시는 향기와 아로마테라피

후각과 촉각으로 느끼는 향기

동물에게 냄새를 맡는 후각과 외부 대상물의 촉감을 느끼는 촉각은 여러모로 중요한 감각이다. 이는 외부의 위험을 감지하고 회피하는 데도 중요하지만, 먹을 것을 인지하고 감별하는 데도 중요하다.

마음이 편안한 향기를 맡고 있으면 졸음이 쏟아지면서 마음이 편안해진다. 게다가 기분 좋은 마사지까지 받자면 짜증스럽던 마음이 눈처럼 녹아 사라지면서 안온하게 가라앉는다. 향기가 후각과 촉각을 자극하여 기분 좋게 해주기 때문이다.

코의 안쪽 공간인 비강에는 후각상피로 불리는 특별한 점막이 있는데, 이 점막층에는 후각모가 노출되어 있다. 코로 들어온 방향 성분은 후각모에 포착되고, 그 자극은 전기신호로 변환되어 후구를 통해 대뇌변연계의 편도체와 해마로 전달된다. 그래서 본능 행동(식욕, 성욕, 수면욕)이나 기억, 희로애락이라는 감정은 후각의 영향을 가장 강하게 받는 곳이다. 이처럼 후각 자극은 대뇌변연계와 신경끼리의 연락이 잦은 시상하부나 대뇌신피질까지 전달된다. 그러므로 호르몬 분비, 내장의 움직임 같은 생리 기능, 면역 작용, 지적 활동 등도 후각에 민감하게 반응한다.

〈후각의 작동 과정〉

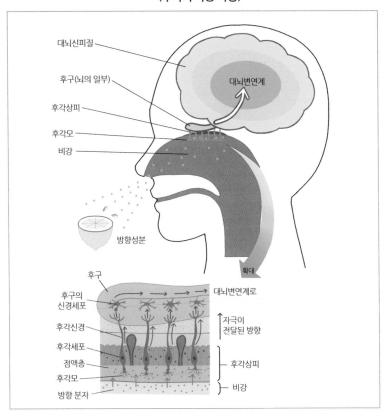

순간적으로 심신을 가볍게 해주는 향기

아로마테라피의 메커니즘을 설명하려면 후각 및 뇌의 작용과 연결된다. 시상하부와 뇌하수체는 아로마테라피와 밀접하게 관련되어 있다. 시상하부는 자율신경계의 중추로서 위장, 심장, 방광 등의 움직임을 조절한다. 뇌하수체는 갑상선, 난소, 부신과 같은 다른 내분비기관이나 몸의 기능을 조절하는 호르몬을 분비한다. 뇌하수체 자체는 시상하부가 분비하는 호르몬에 따라 조절된다.

향기는 순간적으로 우리 몸과 마음에 생기를 주는 기운이 있다. 무겁게 가라앉은 심신을 가볍게 일으키는 것이다. 향기가 코를 자극하여 뇌에 전달되기까지 걸리는 시간은 0.2초, 그야말로 순간이다. 그에 비해 치통이나 몸 안쪽의 통증이 뇌에 전달되기까지 걸리는 시간은 적어도 0.9초다. 후각이 전달하는 속도가 얼마나 빠른지 보여주는 대목이다.

사람은 저마다 맡는 향기에 따라서 기분이 좌우된다. 뇌에서 향기가 전달되는 부분과 쾌감과 불쾌감을 느끼는 부분이 이웃해 있기 때문이다. 사람은 일주일이면 2,000가지가 넘는 냄새를 맡는 것으로 알려졌다. 자기도 모르는 사이에 무수한 냄새가 우리 몸의 생리 반응이나 마음에 영향을 주는 것이다. 심지어 과거의 기억만으로도 입에 침을 고이게 하거나 기분을 좋게 하기도 한다. 가령, 매실을 보거나 먹지 않고 얘기만 들어도 침이 고이는 것은 과거에 맛본 매실의 신맛을 기억하기 때문이다.

아로마테라피의 작용

테라피란 '어루만지는 요법', 즉 '긴장을 풀어주는 치료'를 뜻한다. 우리 몸은 좋은 향기를 맡거나 부드럽게 만져주면 긴장이 풀어지고 기분 좋게 이완된다. 우리 몸을 따뜻한 손으로 부드럽게 감싸듯이 마사지를 하면 굳은 몸은 물론 머릿속 피로까지 싹 풀린다. 마사지를 받다가 스르르 잠이 드는 것도 심신이 그만큼 편안해졌다는 것을 말해준다.

아로마 향기를 이용하여 긴장을 풀어주는 요법이 아로마테라피다. 아로마테라피는 사람의 3가지 영역에 작용하는데, 첫째는 마음, 둘째는 몸, 셋째는 피부다. 몸과 마음에는 동시에 작용하고, 피부에는 에센셜 오일의 미용 효과를 낳는다.

아로마테라피의 세 가지 작용	
마음에 작용할 때	에센셜 오일의 향기를 맡으면 분비되는 엔도르핀, 세로토닌, 아드레날린은 행복감, 정서 안정, 의욕과 활기, 진정 효과 등과 관련된 신경전달물질이다. 우리 몸의 기본 욕구를 비롯해 자율신경계와 내분비계 기능을 조절하는 대뇌변연계, 시상하부, 뇌하수체는 마음의 영향에 민감하게 반응하는 부분으로, 마음이 편안하고 안정되어 있으면 기능이 원활하게 작동하여 우리 몸이 건강한 상태를 유지한다. 마음이 편안해지는 향기가 우리 몸의 건강을 지켜주는 셈이다.

몸에 작용할 때	에센셜 오일에 함유된 면역력 향상 성분은 바이러스, 세균 등에 대한 대항력이 뛰어나고 혈액과 림프액의 순환을 촉진한다. 또 신장, 간, 위 등의 기관을 자극하여 기능을 강화하는데, 마사지도 이와 같은 효능이 있는데, 아로마테라피는 에센셜 오일의 효능과 마사지의 자극이 복합적으로 작용하여 시너지 효과를 낸다.
피부에 작용할 때	에센셜 오일이 함유한 피부 건강에 탁월한 효능을 보이는 성분은 살균소독 작용을 하므로 여드름이나 상처에도 사용할 수 있다. 우리 몸은 기분 좋은 향기를 맡아 긴장이 풀리면 혈관이 확장된다. 이때 마사지를 병행하면 혈액 순환이 촉진되고 피부의 신진대사가 활성화된다. 피부와 마음은 밀접한 관계에 있으므로 피부에 부드러운 자극을 주면 정서가 안정되고 스트레스에 대한 내성을 높여준다.

피부는 '밖으로 나온 뇌'

피부를 쓰다듬는 것은 뇌를 쓰다듬는 것이나 마찬가지여서, 피부를 쓰다듬으면 뇌가 휴식을 취하게 된다. 왜 그럴까?

자궁에 착상된 수정란은 세포 분열을 거듭하여 외배엽, 중배엽, 내배엽의 3개 배엽으로 나뉜다. 이후 각 배엽이 심장, 위, 피부와 같은 기관으로 각각 발달해 인체를 형성한다. 이때 외배엽을 보면 바깥쪽으로 노출된 부분이 피부가 되고, 안쪽으로 들어간 부분이 뇌와 신경이 된다. 이처럼 피부와 뇌는 같은 배엽에서 나왔기 때문에 피부를 자극하는 것이 곧 뇌를 자극하는 것과 같다고 한 것이다.

피부를 쓰다듬는 것이 뇌를 자극하듯이 우리 몸이 부딪히거나 상처를 입으면 그에 따른 자극(통증)이 말초신경을 통해 척수로 전달된다. 그리하여 척수의 관문이 열려 뇌로 전달되면 우리 몸은 그 자극을 통증으로 느끼게 된다. 이처럼 통증을 느끼는 과정에 향기, 피부 접촉, 감정이 관련된 사실이 확인되었다.

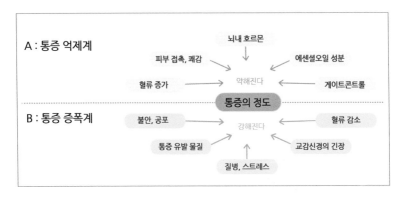

통증의 작용 체계

불안감이나 공포감은 그 관문을 열고 통증을 증폭하는 방향으로 작용한다. 그렇게 오랫동안 이어진 통증은 교감신경을 긴장시켜 새로운 통증 유발 물질을 만들어낸다.

그런데, 기쁘거나 고취된 감정, 부드럽게 쓰다듬거나 어루만지는 피부 자극은 그 관문을 닫아 통증을 줄이는 방향으로 작용한다. 아이가 넘어져서 상처를 입으면 엄마가 상처 부위를 어루만지며

'호~' 하고 불어주는데, 통증을 완화하는 데 실제로 효과가 있다. 엄마의 그런 보살핌과 어루만짐에 따른 안정감이 통증이 전달되는 관문을 닫아주기 때문이다.

갑작스러운 충격이나 사고로 인한 급성 통증은 순식간에 전달이 끝나기 때문에 중간에 차단할 수 없지만, 일정한 증상에 따라 반복되는 만성 통증은 피부 접촉이나 향기 자극으로 차단할 수 있다. 그래서 향기와 마사지로 통증을 누그러뜨릴 수 있다.

2. 아유르베다와 허브 치유의 원리

아유르베다의 기원과 개념

인도의 '베다' 는 영적인 지식에 관한 인류의 가장 오래된 기록이 자 문학이다. 리그, 야주르, 사마, 아타르바 등 4개의 베다는 수천 년에 걸친 구전과 기록으로 전해왔다. 그 가운데 가장 오래된 리그 베다는 아유르베다의 주요 개념을 이미 포함한다.

리그베다의 위대한 세 신을 나타내는 우주적 힘들은 공기(바타), 불(피타), 물(카파) 등 아유르베다의 3가지 도샤(생물학적 기질)와 연관 된다. '인드라' 는 공기(대기)의 신이며 생명의 힘인 '프라나' 이다. '아그니' 는 불의 신이며, 모든 것을 먹는 태양이다. '소마' 는 달로 상징되는 내적 생명수로, 음식과 몸을 나타낸다.

소마는 몸과 마음의 질병을 치유하고 장수와 회춘을 돕는 데 쓰 는 특별한 약초 조제와 연관된다. 이런 베다 소마들은 고산지대에 서 채취한 다양한 허브의 즙을 내어 우유, 버터기름, 요구르트, 설탕, 꿀, 보리 같은 것들과 혼합하여 조리한 것으로, 치유뿐 아니라 의식을 향상하는 데도 쓰였다.

이런 무수한 조합들 가운데 아유르베다는 특별한 허브와 약을 조제하는 다양한 방법을 보존해왔다. 아유르베다는 건강을 '몸과 마음과 영혼이 우주와 조화를 이루고 있는 상태'로 정의한다. 이 조화가 깨졌을 때 병이 들었다고 한다. 사람이 우주와 조화를 이루는 데 필요한 6가지 요소는 섭생, 환경, 생활양식, 운동, 호흡, 명상 수행이다. 아유르베다는 이 6가지 요소 중에서도 섭생을 가장 중요하게 여긴다. 내가 먹는 음식이 바로 내 몸을 이루고 내 마음과 영혼도 그 몸으로부터 비롯하기 때문이다.

아유르베다는 우리에게 생소하겠지만, 인도에서는 가정의학이라고 할 만큼 보편적인 치유요법이다. 아유르베다는 그 사람이 어떤 병에 걸렸는지를 묻기에 앞서 그 사람은 누구인가를 먼저 묻는다. 같은 병이라도 환자의 성향이나 상태에 따라 처방이 다를 수밖에 없기 때문이다. 같은 맥락이지만, 병의 드러난 현상보다도 드러나지 않은 원인에 주안점을 두기 때문이기도 하다.

아유르베다 허브의 치유 원리

자연의 한결같은 법칙에 근거하여 처방하는 아유르베다는 허브

의료이므로 주로 허브를 바탕으로 치유의 원리를 펼친다.

아유르베다에서 치유 물질과 살아있는 몸은 둘 다 같은 우주의 산물이므로 구성 성분이 비슷하다. 허브는 그 성질과 속성에 따라 우리 몸에 영향을 주는데, 반대 속성의 물질은 불균형 상태를 바로잡는 데 도움이 된다는 것이 아유르베다 허브 치유에서 적용하는 원리다.

우주의 모든 물질은 5가지 원소의 서로 다른 조합으로 구성된다. 몸도 원소들로 이루어져 있으므로 몸 안에 있는 원소들의 불균형을 해소하도록 원소 성분에 따라 적합한 물질을 이용한다면 모든 물질은 약으로 쓰일 수 있다. 이런 원리에 따라 구성되는 아유르베다 허브 의학은 4가지 분야로 요약된다.

아유르베다 허브 의학의 분야	
아유르베다 생약	약용 물질을 이름과 모양에 따라 식별한다. 허브와 그 형태학적 특징 및 식물 생태의 다양한 분류를 제공한다.
아유르베다 약리	약의 특성과 작용에 관한 의학으로, 아유르베다의 정의에 따라 약을 분류한다.
아유르베다 제약	달인 즙, 가루약, 알약, 정제, 허브 와인과 오일을 포함한 제약 기술로, 허브의 수집과 저장 기술도 포함한다.
아유르베다 치료	약을 아유르베다 방식으로 쓰는 것에 관한 의학으로, 처방에 따른 약의 사용법을 다룬다. 허브 복용량, 복용시간, 복용 매개체, 허브가 유입되는 신체 위치도 포함한다.

3. 세계 최초로 마시는 향기 개발

앞에서 이제 향기도 마시는 시대가 열렸다고 했다. 향기를 마실 수 있게 된 데는 하나의 집념 어린 기술 개발의 노력이 숨어 있다. MHM으로 불리는 획기적인 농축기의 개발이다. 고진공, 저온, 고속의 3대 핵심 기술을 실현한 이 특별한 다목적 식품제조기는 추출·농축·고농축·향기 포집·증류와 같은 복합기능을 갖추고 천연화장품, 천연방향제 등 습식으로 된 다양한 제품을 단시간에 생산할 수 있도록 개발했다.

MHM
Multipurpose Healthfood Maker

추출, 농축, 조청/잼류의 고농축, 향기포집 알코올 증류 등 습식으로 된
모든 성상의 제품을 영양분의 파괴 없이 단시간에 대량 생산하는

다목적 식품제조기 MHM 한 대로 **"간단하게 해결"**
향기, 영양, 맛, 색이 살아있는 제품을 **단시간에** 완성

추천 사용처
- 다양한 식품을 여러 형태로 가공하는 업체
- 농업이나 농한기의 귀농/귀촌/추출 가공 및 건강식품 제조업자
- 대용량 설비가 있으나 새로운 제품을 개발하고자 하는 업체
- 조청, 엿과 같은 고농축 제품을 생산하는 식품회사
- 대량의 화장품 재료를 생산/개발하는 업체
- 프랜차이즈를 통한 즉석식품 제조업체
- 식물의 수매이나 예생불오일 등을 생산하는 바브 관련 업체
- 주류 및 향료를 생산/가공하는 업체
- 대학, 제약회사 기업연구실 및 실험실의 생산 및 샘플링 작업

MHM(Multipurpose Health Maker)의 활용성과 효율성은 어떤 장치보다 뛰어나서 식품 가공을 주로 하는 기업들의 고민을 시원하게 해소하고 있다. 종합 식품 가공 업체, 생산물의 추출가공 및 건강식품 제조를 사업으로 하는 농원, 새로운 식음료 제품을 개발하려는 업체, 잼과 같은 고농축 제품을 생산하는 업체, 화장품 재료를 개발 생산하는 업체, 즉석식품 제조업체, 식물 수액이나 에센셜 오일 등을 생산하는 허브 관련 업체, 주류 및 향료 가공 생산 업체, 제약회사와 대학 등의 연구소 등 다양한 기업과 기관에서 널리 사용하게 되면서 주목받고 있다.

MHM의 장점은 크게 3가지로 요약할 수 있다.

첫째, 종합 기능을 가진 설비여서 설비 비용을 크게 줄일 수 있을 뿐더러 설비 면적을 크게 차지하지 않아서 임대료 등의 부지사용 비용도 대폭 줄어든다. 하나의 재료로 형태가 다른 다양한 제품을 생산하고자 할 때, 각각의 설비를 갖출 필요 없이 이 설비 하나로 다 생산할 수 있게 된 것이다.

둘째, 잼, 조청, 천연허브, 알코올 등의 추출, 농축, 고농축, 향기 포집, 증류와 같은 복잡한 공정을 하나의 설비로 간단하게 해결할 수 있게 되었다. 게다가 고진공, 저온 처리까지 실현함으로써 재료의 영양소 파괴를 방지하고 유효성분의 손실을 최소화할 수 있게 되었다.

셋째, 기존의 통념을 깬 다목적 생산설비로, 식품 가공 회사, 농가, 대기업 및 대학교 연구소, 화장품 기업과 제약회사에 필요한 천연물 함유 유효물질 대량생산에 안성맞춤이다.

〈MHM의 특성과 효율성〉

구분	사용량	예상 소요 시간		일일 생산량(결과물)	비고
		MHM	기존설비방식	MHM	MHM
과실 잼	생과 80~100kg 기준	40~45분 40~50분	5~10시간	300~600kg	전 공정 스팀 가열 방식, 원물기준
약용식물 및과실 액 농축(한약재, 홍 삼, 과실)과실 잼	원액 100 ℓ	60~70분	5~16시간재래식 5~16시간재래식	300~400 ℓ	
향기 포집	수용액 80~100 ℓ 기준	40~60분		300~500 ℓ	하이드로수 기준
증류주, 소주(전통 소주,꼬냑,브랜디)	원주 100 ℓ	30~40분	4~6시간	500~800 ℓ	증류수 기준

제품의 생산 시간이 짧다
- 설치 공간 최적화
- 전기 및 보일러 기름의 탁월한 절약
- 1회 및 1일 생산량 증가

경제　모든 성상의 제품 MHM 한대로 해결

작업 환경 쾌적
- 유해 가스 및 온실가스 배출로 인한 환경 문제 없음
- 청소 시간 단축 및 위생 관리 최적화

환경　쾌적한 생산 환경, 청결한 소재

다목적 생산이 가능하다
- 연료비 절감
- 단 시간 내에 저온 추출 가능
- 작업인원 최소화(1인 3대 이상 작동)

효율　타 설비 대비 50%~60% 이상 절감
에너지율 높음, 열 분산 최소화로 열손실이 없음

각 부분별 안전제어 장치 부착
- 기계 외부의 위험 소요가 없다
- 간단한 조작으로 작동이 가능

안전　온도제어/ 쾌속가열

4. 기술의 완성과 다양한 제품 생산

기술의 완성에 따른 특장점

1. 농산물, 임산물, 양조, 화장품의 원료 등을 추출, 농축, 고농축, 향기 포집, 증류하는 공정을, 즉 형태가 각기 다른 제품의 제조 공정을 하나의 설비에서 일괄 처리할 수 있도록 했다.

2. 기존의 제조 기술로는 추출기, 농축기, 교반기, 증류기를 별도로 갖춰야 해서 비용 부담이 가중되고 각각의 설비 설치 공간도 따로따로 확보해야 하는 문제점이 있지만, 이를 일체화하여 여러 문제를 일거에 해소했다.

3. 냉각부 구성을 3단으로 함으로써 냉각과 진공 효율을 높여 농축, 고농축, 향기 포집, 알코올 증류 시에 제품이 열에 노출되는 시간을 30분 내로 단축했다. 그 결과 전체 공정을 1시간 내로 단축함으로써 원료의 영양소 손실을 최소화했다.

4. 대부분 수직 형태로 된 기존의 설비 탱크가 가진 결과물 회수

에 따른 번거로움을 해소하기 위해 수평에서 20~30° 경사진 형태로 개선함으로써 별도의 수거 장치와 도구 없이 스크래퍼가 장착된 교반 작용과 기울기에 따른 중력 작용만으로 결과물을 회수할 수 있도록 했다.

5. 하우징 내부 표면과 스크래퍼 단부에 테프론을 부착하여 완전 밀착하도록 기능을 개선했다. 그리하여 수직 및 수평에 따라 교반 탱크의 궤적을 최대화하여 원료가 전혀 타거나 들러붙지 않고 단시간에 균일하게 혼합될 수 있도록 했다.

6. 교반기 덮개는 사용자가 직접 개폐해야 하는데, 보편적인 교반기의 덮개는 무거워서 개폐에 어려움이 따랐다. 수평의 경사진 형태로 개선한 MHM은 교반기 덮개의 개폐를 획기적으로 편하게 했다.

7. 사용하는 도중에 교반기 뚜껑을 임의로 열면 교반기의 회전이 자동으로 멈추도록 설계되어 안전사고를 방지할 수 있도록 했다.

8. 다단 냉각, 완전 밀착 교반 기능을 통해 고진공, 저온 상태에서 결과물을 추출하므로 에탄올 등의 유기 용매에 의한 결과물의 지표 성분 증발을 최소화했다.

9. 고가의 에탄올(주정) 같은 유기 용매 추출 시 응축 탱크에 에탄올을 회수하여 재사용할 수 있도록 하여 자원의 재활용이 가능하다.

10. 응축수 탱크는 진공 해제 밸브와 배출 밸브 외에 별도의 개폐구를 추가로 장착하여 설비의 내부 청소를 손쉽게 하도록 했다.

11. 응축수가 결과물일 경우에는 작동 중에 진공 상태만 해제한 채 응축수를 간편하게 회수할 수 있도록 했다.

12. 할로겐 램프를 장착하여 투시 창을 통해 교반기 내부를 들여다볼 수 있게 함으로써 교반 상태와 농축 정도를 육안으로도 수시로 확인할 수 있도록 했다.

13. 설치 공간의 천장이 설비를 설치하기에 낮은 경우를 대비해 다단냉각기의 3단부 높이를 조정하여 설치할 수 있도록 했다. 제품의 성능 변화 없이 설비의 행태를 변화할 수 있게 한 것이다.

14. 다목적 복합설비인데도 작동 시간과 온도 설정, 진공 기능 등을 누구나 손쉽게 조작할 수 있도록 컨트롤박스를 구성했다.

15. 모든 특정 제품의 농도 제어를 손쉽게 하고, 결과물을 충분히 예측할 수 있도록 했다.

MHM으로 만드는 '먹는 향기'

MHM의 가장 매력적인 기능은 다양한 기능 중에서도 단연 향기 포집 기능이다. 천연재료에서 천연 그대로의 향기를 손실 없이 포집하는 기술은 그리 간단하지가 않기 때문이다. MHM이 실현한 이 특별한 기능으로 향기를 포집해두고 먹을 수 있게 된 것은 행운이다.

복합기능을 하나의 설비에 구현한 MHM(왼쪽), 여러 기능이 각각의
설비에 분산되어 복잡해진 기존의 장치(오른쪽)

　MHM은 30년 가까운 세월의 연구가 집약된 집념의 결실이다.
천연물질의 중요성을 인식한 개발자는 천연물질이, 그중에서도
특히 향기가 열에 약한 것을 알고서 저온에서 추출하고 포집할 수
있는 기술을 개발함으로써 마침내 '먹는 향기'라는 특별한 제품을
선보였다.

　MHM의 원리는 향기를 감압식 증류 방식으로 저온에서 순간적
으로 포집하여 향기 그 자체를 제품으로 응용하는 방식이다. 대개
천연물질을 다룰 때 향기를 간과하고 끓이기만 하는데, 개발자는
향기에 중점을 두고 제품을 개발한 것이다. 그래서 추출, 농축, 포
집의 여러 공정이 일괄적으로 이루어지도록 했다.

제품에 따라 설비 내의 온도와 가열 시간이 달라진다. 그렇게 추출한 레몬머틀 향과 피톤치드 농축액의 향이 살아있다. 보통 방향제에는 포름알데히드라는 발암물질이 들어 있는데, 이 천연 향에는

그런 물질이 전혀 안 들어가 있어도 향이 진하다.

MHM으로 제조 가능한 다양한 제품들

홍삼, 잼, 조청, 약용식물, 과즙 농축과 경옥고 제조 등 습식으로
된 모든 건강식품의 제조가 가능하다.

향이 좋은 기능성 원료를 이용한 제품 생산도 가능하다. 이때 천연의 유효성분과 지표성분의 손실을 최소화하여 기능성 천연물질을 추출하거나 포집해낸다.

고순도의 증류주를 간단하게 증류해 낼 수 있다. 과일 증류주(브랜디) 생산이 가능하며, 단식 증류로 고유의 맛과 풍미를 느낄 수 있도록 생산 공정에서 향을 보존한다.

향기를 살린 '맑은 투명 커피' 개발

커피를 즐기고 싶지만, 카페인에 민감하거나 커피의 쓴맛을 싫어해서 마음껏 커피를 즐기지 못한 사람들을 위해 개발한 커피가 바로 '맑은 투명 커피' 다. 무엇보다 다이어트를 위해 설탕을 첨가하지 않으면서도 단맛을 즐길 수 있게 된 것은 획기적이다. 열량이 없는 천연 단맛과 천연향을 증류 포집하여 순수하고 건강한 커피의 풍미를 즐길 수 있게 된 것이다.

강한 열에 의한 로스팅 과정에서 생기는 유해물질을 염려하는 사람들에게도 반가운 소식이다. 기존의 250℃ 이상의 고온상압 방식 대신 90℃ 이하의 저온감압 방식을 통한 순식간의 증류로 추출하기 때문에 유해물질이 생길 염려가 없는 커피가 맑은 투명 커피다.건강도 챙기고 맛도 챙기는 커피의 변신, 또 하나의 향기 혁명이다.

4장

마시는 향기의 효능

천연재료 각각의 맛은 다섯 가지 원소 가운데 두 가지 원소의 우세에 따라 이루

어진다. 그래서 맛에는 뒷맛이 따른다. 모든 물질은 한 가지 맛으로만 이루어지

지는 않는다. 여러 가지 맛으로 이루어지는데, 다만 지배적인 맛과 부차적인 맛

외에는 너무 약해서 느끼지 못할 뿐이다. 우리는 흔히 지배적인 맛을 그 물질의

맛이라 하고 부차적인 맛을 뒷맛이라고 한다.

1. 치유 물질의 에너지

맛과 우주 물질의 관계

아유르베다에서는 치유 물질의 에너지를 4가지 관련 요인으로 나누어 설명한다. 맛, 소화 후 효과, 흡수하는 에너지, 특별한 작용이 그것이다.

아유르베다에서는 체내 심신의 균형을 맞추기 위해 6가지 맛, 즉 단맛, 신맛, 짠맛, 매운맛, 쓴맛, 떫은맛의 음식을 골고루 섭취할 것을 제안한다. 인간의 신체와 마음, 생동하는 에너지는 음식으로 만들어진다고 믿으며, 저마다의 체질과 질병 증상에 따른 적절한 식사를 약보다 더 중요하게 여기는 까닭이다.

천연재료 각각의 맛은 5가지 원소 가운데 2가지 원소의 우세에 따라 이루어진다. 그래서 맛에는 뒷맛이 따른다. 모든 물질은 한 가지 맛으로만 이루어지지는 않는다. 여러 가지 맛으로 이루어지는데, 다만 지배적인 맛과 부차적인 맛 외에는 너무 약해서 느끼지 못할 뿐이다. 우리는 흔히 지배적인 맛을 그 물질의 맛이라 하고 부차적인 맛을 뒷맛이라고 한다.

우리 몸의 조직을 결합하는 데는 부피와 체액을 늘려주는 흙과 물이 가장 유용하다. 단맛, 신맛, 떫은맛은 흙과 물의 원소를 어느 정도 지니는데, 순전히 흙과 물 원소로만 이루어진 단맛이 가장 강하다. 그래서 음식에서는 단맛이 주된 맛이다. 영양 특성에서 둘째인 신맛은 갈증을 해소한다. 그다음으로 떫은맛은 유지 또는 보호 작용을 하므로 체액을 쌓기보다는 보존하는 작용을 한다.

쓴맛, 매운맛, 짠맛은 불과 공기의 원소를 어느 정도 지니는데, 주로 우리 몸의 조직을 줄이고 독소를 제거하는 데 이용된다. 공기와 에테르(몰리)로 구성된 쓴맛은 비교적 무거운 원소를 줄여주므로 가장 강력한 효능을 보인다. 둘째인 매운맛은 불의 성질로 비교적 무거운 원소를 태워버리는 효능을 보인다. 짠맛도 어느 정도 수분을 보존하는 작용과 독소를 태우는 작용을 함으로써 결합과 감소 특징을 모두 보인다.

6가지 맛의 분류

6가지 맛의 작용을 그 맛들이 가진 상반된 성질의 3가지 쌍으로 구분할 수 있다.

▷축축함 ↔ 건조함

▷뜨거움 ↔ 차가움

▷무거움 ↔ 가벼움

축축함은 증가하는 체액, 건조함은 감소하는 체액을 가리킨다. 단맛은 가장 축축한 맛이고, 짠맛과 신맛은 그다음이다. 그래서 설탕과 소금을 탄 라임 주스 같은 시고 짠 음료는 탈수증을 방지한다.

매운맛은 가장 건조한 맛이고, 쓴맛과 떫은맛은 그다음이다. 떫은맛은 대개 건조하지만, 체액을 보존하도록 돕는다.

6가지 맛은 발열 특성과 냉각 특성에 따라 두 집단으로 분류할 수 있다.

	냉각시키는 맛		불같은 맛
단맛	축축함, 차가움, 무거움	신맛	축축함, 뜨거움, 가벼움
짠맛	축축함, 뜨거움, 무거움	매운맛	건조함, 뜨거움, 가벼움
쓴맛	건조함, 차가움, 가벼움	떫은맛	건조함, 차가움, 무거움

냉각시키는 맛은 소화력을 떨어뜨리고, 불같은 맛은 소화력을 끌어올린다.

6가지 맛의 작용

올바른 섭생은 달고 시고 쓰고 맵고 짜고 떫은 6가지 맛을 조화롭게 먹어야 한다는 것이다. 그래야 오장육부의 기능이 원활해지고 질병을 예방할 수 있다. 6가지 맛은 모두 우리 몸의 오장육부와 밀접하게 연관되었기 때문이다.

▷단맛은 소화기 계통을 조절하는 효능이 있다.
▷쓴맛은 심혈관계를 조절하는 효능이 있다.
▷매운맛은 폐, 호흡기, 대장, 피부를 조절하는 효능이 있다.
▷짠맛은 신장, 방광, 관절 주변의 힘줄을 관장하는 효능이 있다.
▷떫은맛은 자율신경과 면역력을 관장하는 효능이 있다.
▷신맛은 간의 피로를 풀어주는 효능이 있다.

이렇듯 6가지 맛에는 몸속 장부가 다 들어 있다. 어느 것 하나 중요하지 않은 것이 없어, 하나라도 빠지면 각 장부에 문제가 생긴다. 가령, 단맛이 빠지면 소화 기능에 문제가 생길 것이고, 쓴맛이 빠지면 심혈관계 질환에 노출될 것이다. 그러므로 이 6가지 맛을 골고루 먹는 것이 무엇보다 중요하다.

우리 몸에는 적절한 소금도 필요하고 에너지원으로 쓰이는 당분도 필요하다. 짠 거 먹으면 고혈압에 걸린다고 안 먹으면 우리 몸의 염화나트륨 농도가 떨어져 신진대사에 문제가 생긴다. 그러면 체내에 노폐물이 축적되고, 이것이 독소로 변하여 심장과 신장의 기능까지도 떨어뜨린다.

6가지 맛을 골고루 먹는 것, 부족하지도 않고 과하지도 않게 먹는 것, 그것이 최고의 건강비결이다.

〈마시는 향기 제품〉

2. 마시는 맛의 작용

6가지 맛이 일으키는 조화

[소화기를 관장하는 단맛]

기본적으로 소화기를 관장하는 단맛은 혈장, 혈액, 근육, 지방, 뼈, 신경, 생식기를 포함한 신체조직을 증가시키며, 위와 췌장의 기능을 좋게 한다.

단맛은 수명을 늘리고 감각기관에 영양을 주며, 몸에 활력을 주고, 피부에 윤기를 준다. 단맛이 부족할 경우 위장 관련 질병에 걸리기 쉽고, 두통, 신경통, 잇몸질환, 유방이나 입술 질환 등에도 취약해진다. 입술이 부르텄을 때 단맛이 나는 음식을 먹으면 낫는 이유도 여기에 있다.

그렇다고 단맛을 너무 많이 먹어도 좋지 않다. 음식이 짜면 설탕을 넣는다. 그러면 짠맛이 덜해진다. 단맛이 짠맛을 중화시키기 때문이다. 따라서 단맛을 과다섭취하면 짠맛이 부족했을 때 생기는

병의 역습을 받을 수 있다. 신장, 방광, 골수, 뼈에 병이 오기 쉽다.

[간 기능을 좋게 하는 신맛]

침 분비를 촉진하여 식욕을 증진하고, 소화작용을 자극하며, 연동운동을 조절하는 신맛은 음식물이 소화관에서 아래로 내려가게 하고 음식물을 적셔주어 소화를 돕는다. 그리고 힘을 증진하고, 생식기 외의 신체조직을 결합하며, 심장에 영양을 제공하는가 하면 무엇보다 마음과 감각을 각성시키고 자극한다.

신맛은 간의 기능을 좋게 하고 담낭과 관절 주변의 힘줄을 관장하는 맛이라서 부족하면 간과 담낭 관련 질병에 걸리기 쉽다.

그렇다고 너무 많이 먹어서는 안 된다. 신맛을 지나치게 많이 먹으면 단맛을 중화시키기 때문에 단맛이 부족할 때 생기는 위장병에 걸리기 쉽다. 게다가 갈증을 일으키고, 위산의 과다한 분비와 혈액의 유독을 초래한다. 그리고 근육·점막·치아 손상을 일으키고, 신체조직을 느슨하게 만들고 부종을 일으킨다.

[신장·방광을 관장하는 짠맛]

소화를 촉진하고, 음식에 풍미를 주고, 배변을 촉진하며, 축적물을 부드럽게 하는 짠맛은 다른 맛들을 압도하고, 입안의 분비액을 늘리고, 점액을 액화하여 울혈을 풀어준다.

짠맛은 과다 섭취하지 않아야 할 대표적인 맛으로 따가운 눈총을 받고 있지만, 짠맛의 건강 효과 또한 무시할 수 없다. 짠맛은 신장, 방광, 골수, 뼈를 주관하는 맛으로, 결핍하면 신장, 방광, 종아리, 발목, 발바닥, 치아, 뼈, 골수, 귀, 시력 등에 질병이 생기기 쉽다.

다른 맛도 그렇지만 특히 짠맛은 과다 섭취하면 해롭다. 짠맛은 쓴맛을 중화시키므로 쓴맛이 부족할 때 생기는 심장 및 순환기 질환을 유발한다. 또 혈액을 오염시키고 갈증을 일으키는가 하면 근육을 약하게 하고, 피부 발진을 악화하며, 독소를 증가시키고, 생식능력을 떨어뜨리며, 신경체계의 작용을 약화한다. 게다가 피부 노화와 대머리를 촉진할 수 있다.

[폐와 호흡기를 다스리는 매운맛]

입을 정화하고, 음식에 풍미를 주며, 소화를 촉진하고, 박테리아와 기생충 구제를 돕는 매운맛은 뜨거운 성질로 땀이 나게 하고, 콧물과 눈물이 나게 하며, 입에 물이 고이게 한다. 부종과 비만과 가려움증을 제어하고, 혈액순환을 촉진한다. 그리고 무엇보다 마음과 감각을 자극하고, 머리와 목구멍을 맑게 한다.

폐, 호흡기, 대장, 피부를 다스리는 매운맛이 부족하면 호흡기질환에 걸리기 쉽다. 또 대장 관련 질환, 어깨통증을 유발할 수 있다.

그렇다고 매운맛의 과다 섭취도 좋지 않다. 매운맛은 신맛을 중

화시키므로 매운맛을 너무 많이 먹으면 신맛이 부족할 때 생기는
질병을 부른다.

[심혈관에 좋은 쓴맛]

식욕을 돋우고, 소화관을 정화하는 쓴맛은 발열을 감소시키고, 해독 작용을 하며, 기생충을 박멸한다. 피부의 염증 질환을 완화하고, 비만을 줄인다.

심혈관계 질환을 조절하는 쓴맛이 부족하면 심장, 순환기, 소장
등에 질병이 생기기 쉽다. 또 날개뼈, 팔, 주관절, 새끼손가락 신경
통, 이명 등의 증상과도 연관이 깊다.

따라서 평소 심혈관 질환이 걱정된다면 쓴맛 섭취를 늘리는 것
이 좋지만, 과다 섭취하면 좋지 않다. 쓴맛은 매운맛을 중화시키므
로 과다 섭취하면 매운맛의 부족을 초래해 호흡기질환이나 피부질
환에 걸리기 쉽다.

[면역력을 높이는 떫은맛]

**지혈과 치유의 성질을 지닌 떫은맛은 상처 입은 피부 등의 치유를
돕고, 혈액을 정화하며, 독소를 감소시키고, 과도한 수분 노폐물을
없애며, 출혈 · 발한 · 기침 · 설사를 멈추게 한다.** 무엇보다 우리 몸
의 자율신경과 면역력을 관장하는 떫은맛은 암을 제압하는 힘을

지닌 것으로 알려져 주목된다.

　따라서 평소에 되도록 많이 먹는 것이 좋지만, 너무 많이 먹으면 입과 피부를 건조하게 하고, 언어장애를 일으키며, 위와 장에 가스를 발생시킨다. 또 대소변과 땀의 배출을 억제하여 체내에 노폐물을 축적함으로써 다양한 질병을 부른다.

다양한 맛의 작용

[신체조직에 대한 작용]

허브는 그 맛에 따라 신체조직을 증가시키거나 감소시키기 위해 작용한다. 단맛과 신맛, 2가지 맛만이 신체조직에 직접 영양을 공급하면서 규칙적으로 늘리는 데 작용한다. 단맛이 모든 신체조직을 증가시킨다면, 신맛은 생식 조직을 뺀 신체조직을 증가시킨다. 그래서 아유르베다는 불임 상태에는 신맛을 권유하지 않는다.

　짠맛, 매운맛, 쓴맛, 떫은맛의 4가지 맛은 신체조직을 감소시키는데, 짠맛과 떫은맛은 체액 보존을 도와 적당하면 조직 유지에 좋다. 매운맛은 식욕을 돋우고 소화작용을 도와 신체조직을 키우는 데 간접적으로 관여한다. 맛 가운데 가장 건조한 쓴맛은 체내의 독소를 없앰으로써 신체조직의 장기적인 성장을 돕는다.

[노폐물에 대한 작용]

허브는 노폐물 배출을 촉진하거나 억제하는 작용을 한다. 흙과 물의 원소가 지배하는 맛, 즉 단맛·신맛·짠맛은 축축하고 무거운 성질이어서 노폐물의 배출을 촉진한다. 반대로 공기와 불의 원소가 지배하는 맛, 즉 매운맛·쓴맛·떫은맛은 건조하고 가벼운 성질이어서 노폐물의 배출을 억제한다.

[소화 열에 대한 작용]

서로 다른 맛들은 인체에 감응하여 그 성질에 따라 소화 열을 줄이거나 늘려서 신진대사를 조절한다. 매운맛·신맛·짠맛 같은 얼얼한 맛은 소화 열을 늘려 식욕을 증진하고 독소를 태워 없앤다. 쓴맛은 차가운 성질이지만 소화 신경을 자극하여 소화 열을 증진한다. 단맛과 떫은맛은 무겁고 수축시키는 성질이어서 소화 열을 줄인다.

[경로 체계에 대한 작용]

우리의 건강은 소화부터 마음에 이르기까지 몸의 경로 체계에 달려 있다. 그 경로의 흐름이 순조로울 때 몸이 건강해지는데, 6가지 맛이 이 경로 체계에 영향을 미친다.

매운맛·쓴맛·짠맛은 꿰뚫는 성질이 있어서 경로를 깨끗하게 뚫어주는 데 반해 단맛·신맛·떫은맛은 경로를 오히려 막는 성질이 있다.

매운맛은 액체를 흡수하고 경로의 장애물을 몰아내어 순환을 촉진한다. 쓴맛은 독소를 줄이고, 가장 좁은 경로에도 스며들어 장애물을 치운다. 짠맛은 고체를 액화하고, 울혈을 풀어주며, 배변작용을 촉진한다.

단맛은 무겁게 하여 경로의 흐름을 방해하고, 신맛은 염증을 악화시키며, 떫은맛은 수축하는 성질로 경로 안 물질의 흐름을 차단한다.

맛의 소화 후 효과

소화 열은 섭취한 허브나 음식에 대응하여 작용한다. 소화가 이루어지는 동안 6가지 맛은 단맛, 신맛, 매운맛의 3가지 소화 후 효과로 재합성된다. 몸의 내부 기관에서 일어나는 이 효과는 혀로 감지되지는 않는다. 소화 과정의 2가지 주요 효과는 결합 효과(동화작용)와 감소 효과(이화작용)다.

[단맛의 소화 후 효과]
달고 짠맛이 나는 음식과 허브의 결과다. 이 효과는 대소변의 순조로운 배설을 돕고 생식액을 증가시킨다.

[신맛의 소화 후 효과]

대개 신맛의 결과다. 단맛의 소화 후 효과처럼 역시 대소변의 순조로운 배설을 돕고 생식액을 증가시킨다.

[매운맛의 소화 후 효과]

대개 매운맛, 쓴맛, 떫은맛의 결과다. 이 역시 대소변의 순조로운 배설을 돕고 생식액을 증가시킨다.

3. 내 몸을 회복하는 허브의 치유작용

허브의 효력은 치료법을 허브에 적용하는 경로나 투여하는 신체 부위에 따라 다르다. 아유르베다의 원칙은 몸 전체를 통해서, 그리고 국부적으로 질병 부위와 최대한 가깝게 치료하는 것이다.

약은 주로 입을 통해 투여된다. 약은 소화와 흡수 작용을 거치고 나서 나머지 몸에 이르기까지 림프와 혈액을 통해 순환된다. 그런데 특정한 부위에서 집중적으로 작용하도록 하려면 눈, 코, 귀, 항문, 요도, 피부, 성기(여성)와 같은 다른 경로를 이용하기도 한다. 이런 작업은 우리 몸의 더 많은 특정 부위에 허브를 적용할 수 있게 한다.

특히 피부에 적용하는 것도 먹는 것 못지않게 몸 전체에 영향을 미친다. 허브를 흡수하기 어려울 정도로 소화 기능이 허약해져 있을 때는 몸에 기름과 같은 영양물질을 넣기 위해 관장제를 사용하기도 한다.

허브의 주요 작용 20가지

용도	효능	함유 물질
1. 활력제	생명을 보호하고 수명이 길어지도록 작용한다.	감초, 참깨, 콩
2. 확대제	체중을 늘리고 새로운 조직 생성을 촉진한다.	아슈와간다 허브 등, 양아욱
3. 감소제	지방이나 다른 축적물을 감소시킨다.	시페루스, 심황, 검은 후추
4. 분쇄제	담석, 신장결석 같은 강한 축적물을 분쇄한다.	치트락, 쿠타지, 파샤나
5. 치유제	상처나 베인 부위의 치유력을 높인다.	구굴, 만지슈타, 심황, 알로에 겐
6. 소화 자극제	소화 열을 점화시켜 소화기관을 자극한다.	마른 생강, 검은 후추, 계피
7. 강장제	강인한 힘을 증진한다.	인삼, 발라, 샤타바리, 아슈와간다
8. 인후 개선제	인후염을 완화하고 목소리를 개선한다.	건포도, 감초, 비다리, 하리타키
9. 강심제	심장 기능을 강화한다.	석류, 망고, 아르주나, 호손베리
10. 치질 치료제	치질 치유를 돕는다.	생강, 창포, 쿠타지, 하리타키
11. 피부염 치료제	피부 염증을 가라앉힌다.	질경이, 심황, 아선약, 아말라키
12. 구충제	기생충을 구제한다.	호박씨, 비당가, 빈랑나무 열매
13. 해독제	항독작용을 한다.	감초, 백단향, 심황, 쉬리샤
14. 분비 촉진제	산모의 모유 분비를 촉진한다.	회향풀, 시라, 샤타바리
15. 정자 생성제	정자 수를 증가시킨다.	연근, 비다리, 아슈와간다
16. 정자 정화제	정자의 독소를 제거한다.	월계수 열매, 쿠슈타, 베티버트
17. 이뇨제	소변의 흐름을 촉진한다.	고수풀, 레몬풀, 곡슈라
18. 기침·천식약	기침을 멎게 하고, 호흡을 안정시킨다.	건포도, 수막, 금불초, 바질
19. 해열제	열을 내려 준다.	쓴맛, 드락샤, 원당, 툴시
20. 피로 해소제	더위에 지친 몸의 피로를 해소한다.	대추야자, 석류, 사탕수수, 건포도

4. 증상별로 알아보는 향기 치유법

에센셜 오일은 몸과 마음, 그리고 밖으로 드러난 질환의 증상을 누그러뜨림으로써 병의 치유를 돕는다. 에센셜 오일은 피부를 통한 흡수, 호흡을 통한 흡수, 경구 투여, 좌약 등 다양한 방법으로 흡수하는데, 오일이 혈액을 타고 온몸으로 골고루 퍼지면서 효능을 발휘한다.

오늘날 사용되는 약의 원재료 중 40~70%가 식물이며, 향기 치료에 사용되는 에센셜 오일은 100% 천연식물 허브에서 추출한 물질이어서 인체에 미치는 부작용은 없다.

향기 치료는 건강에 도움이 되는 향이나 식물의 꽃, 잎, 줄기, 열매, 뿌리 등에서 추출한 오일과 향으로 심신의 건강을 증진하는 요법이다. 흡입, 마사지, 목욕 등 다양한 방법을 통해 오일을 치료에 적용할 수 있다.

향기는 다양한 종류만큼이나 다양한 증상에 대응하여 우리 몸을 치유하고 건강하게 만든다.

모든 병은 면역력이 떨어지면서 시작된다고 해도 과언이 아니다. 특히 감기는 면역력과 밀접한 관련이 있다. 몸이 과로로 피곤해지거나 기가 빠져 허약해지면 감기부터 걸리기 쉽다. 감기는 몸이 극도로 피곤하거나 기력이 쇠하여 이상이 생겼다는 신호이기도 하다.

항균, 항염, 항바이러스, 항진균, 면역력 증진 작용을 하는 에센셜 오일은 우리 몸의 균형과 활력을 찾는 데 안성맞춤이다. 이때 혈액과 림프 순환이 원활하도록 가벼운 운동과 마사지 습관을 들이면 치유의 효능이 배가된다.

향기 치료는 우리 몸의 전체뿐 아니라 마음도 치유하므로 전인 치료로 불린다. 그 치료 효능은 다음 10가지로 요약된다.

1. 기분전환으로 불쾌감을 씻고 행복감을 느끼게 한다.
2. 숙면에 들게 하여 몸의 피로를 말끔히 씻어준다.
3. 온몸의 기의 흐름을 원활하게 하여 질병을 예방한다.
4. 스트레스와 긴장을 풀어준다.
5. 심장박동과 호흡을 안정시켜 근육의 이완을 돕는다.
6. 불안, 흥분, 걱정, 불면 해소에 도움을 준다.

7. 근육통, 소화불량, 변비, 기침 등 신체기능의 회복을 돕는다.

8. 피부 흡수를 통해 모세혈관을 따라 순환하며 효능을 발휘한다.

9. 감정을 관장하는 변연계를 변화시켜 기분을 좋게 만든다.

10. 기억력과 집중력을 향상한다.

감기는 면역력이 저하되면 걸리기 쉬운데 대개 발열, 콧물, 목의 통증 같은 증상을 보인다. 에키네시아는 면역력을 높이는 허브로 알려졌을 뿐더러 바이러스 퇴치에도 효과가 있다. 마른기침 증상을 완화하는 엘더플라워는 콧물이나 재채기, 코막힘 등의 해소에 유효하고 열을 내리는 발한 작용도 있다. 이 밖에도 감기 증상 치유에 유효한 허브로는 타임, 유칼립투스가 있다.

꽃 향이 백 리까지 간다고 해서 백리향으로도 불리는 타임은 그 진한 향만큼이나 강력한 살균 및 방부 작용을 하고, 중추신경계를 자극하는 통증 억제 작용을 한다. 무엇보다 기관지염, 호흡기질환 치유에 탁월한 효능을 발휘한다.

천연 공기청정기로 불리는 유칼립투스는 진해 제거와 거담 작용이 뛰어나 호흡기질환 치유에 유용하다. 면역력 증진, 항균, 항염, 울혈 제거, 근육통 완화 등의 효능을 발휘한다.

14세기, 유럽에서는 페스트가 창궐하여 인구의 60%를 쓸어갔다. 인류를 멸망 직전까지 몰아간 대재앙이었다. 당시 일부 거리에서는 로즈메리나 타임과 같은 마른 허브를 태웠다. 아로마를 취급하는 상인들은 일반인보다 치사율이 훨씬 낮았다고 하니, 역사에서도 에센셜 오일의 항균력과 면역력 증진의 효능을 확인할 수 있다.

몸의 활력과 유연성이 필요할 때

같은 자세로 움직이지 않고 계속 어떤 일을 하게 되면 몸의 통증을 유발하게 마련이다. 그러면 혈액과 림프 순환도 당연히 장애를 겪게 된다. 수시로 몸 전제를 스트레칭으로 풀어주고 호흡을 통해 기의 흐름을 원활하게 할 필요가 있다.

이럴 때 근육 이완과 혈액순환에 이용하는 아로마 블랜딩오일을 통증 부위에 마사지하듯이 골고루 발라주면서 따뜻하게 풀어주면 만족스러운 효과를 볼 수 있다. 따뜻한 향기 목욕으로 근육의 피로를 풀어주면 금상첨화다.

근육통, 어깨 결림, 요통, 류머티즘, 관절염, 눈의 피로 해소에 도움을 주는 대표적인 향기에는 레몬그라스, 마조람이 있다.

레몬 향이 나는 레몬그라스는 항균, 살균, 진통 완화의 효능이 있으며 레몬처럼 기분을 상쾌하게 하는 효과가 있다. 또 뭉친 근육을 풀어주거나 강화하는 기능이 매우 뛰어나고, 면역력 증진에도 효능을 보인다.

'산의 기쁨' 이라는 의미를 지닌 마조람은 향신료로 즐겨 사용된다. 항염, 항균 작용을 하고 불면증 해소에도 유용하다. 특히 관절 염증과 근육통을 풀어주는 효능이 뛰어나고, 긴장 이완과 혈압 안정에도 유용하다. 그 밖에도 진정 효과, 혈액순환 촉진, 생리불순 해소, 생리통 완화 등의 작용을 한다.

우리 몸의 통증을 따듯하게 하면서 풀어주어야 할 때는 진저·마조람 같은 따듯한 오일이, 열을 식힐 때는 페퍼민트·로즈메리·라벤더 오일이 효과적이다.

마음이 지치고 감정이 불안할 때

몸만 지치는 게 아니다. 마음도 수시로 지치고 다친다. 그래서 마음도 휴식이 필요하고 치료가 필요하다. 몸도 지치게 하지만 마음을 가장 지치게 하는 것은 스트레스다. 스트레스는 그때그때 풀지 못하면 긴장과 불안, 초조함으로 민감하게 반응하여 우리 몸에 부정적으로 표출된다. 건강에 적신호가 켜지는 것이다. 그래서 스트레스를 만병의 근원이라고 하는 것이다.

이럴 때는 중추신경계와 말초신경계 그리고 교감신경과 부교감신경에 직접 영향을 미치는 향기, 마음을 편안하게 해주는 향기, 심신을 이완시키고 각 기관의 기능을 강화하는 향기가 크게 도움이 된다. 스트레스, 우울증, 불면증 해소에 특효를 보이는 향기에는 베르가모트, 그레이프프루트가 대표적이다.

껍질을 압착하여 추출하는 베르가모트는 항바이러스, 항진균, 항감염에 탁월한 효능을 보인다. 또 비뇨기계 질환, 방광염, 호흡기계 질환, 구강염, 피부감염 등에도 치유 효과가 있으며, 장내 가스 제거, 해열, 소화 촉진 등에도 유용하다.

열매가 포도송이처럼 달려서 그레이프프루트로 불리는 자몽은 '천국과 낙원'이라는 의미를 지닌다. 그레이프프루트는 오렌지나 레몬보다 더욱 상큼한 향기를 선사해서 향기에 까다로운 아이들도 아주 좋아한다. 이 향기는 지방의 축적을 막아 독소를 배출하는 데 탁월한 효능을 보인다. 게다가 부종 완화, 림프 순환, 울혈 해소, 이뇨 촉진, 지방 연소, 소화불량 개선, 의욕저하 개선에도 상당한 효과를 보인다.

'마음의 감기'라고 하는 우울증은 현대인의 고질병인데, 남녀노소를 가리지 않는다. 현대인은 무수히 많은 이유로 스트레스에 시달린다. 스트레스든 뭐든 어떤 이유로 심리 상태가 평소와 다른 상태가 2주 이상 계속되면 우울증으로 본다.

우울증 치유에는 아로마 향기가 가장 효과적이다. 레몬, 오렌지, 베르가모트 등의 향기도 에스테르 함량이 풍부하여 기분을 전환하고 우울증을 해소하는 데 유용하다.

스트레스, 우울증과도 밀접한 연관이 있는 불면증 역시 많은 현대인이 앓고 있는 고질병이다. 불면증은 수면 호르몬인 멜라토닌, 성장 호르몬인 세로토닌, 스트레스 호르몬인 코티졸과도 연관성이 있다.

불면증의 원인은 스트레스, 우울증, 불안장애 같은 정신질환, 커피 등의 각성 물질, 수면무호흡증이나 하지불안증후군 등의 의학적 원인이 있는 경우 등 다양하다. 급성불면증은 수일에서 수 주 동안 잠을 못 자는 것을 말하며, 대개 흥분이나 스트레스가 원인이다. 흔히 말하는 불면증은 만성불면증이며, 한 달 이상 계속되는 증상을 의미하는데, 한국인의 15~20%가 걱정거리 때문에 만성불면증에 시달린다.

잠자는 동안 몸속에서는 낮 동안에 소모되고 손상된 중추신경계를 회복하고, 기억을 저장하며, 불쾌하고 불안한 감정을 정화한다. 또 몸을 푹 쉬게 해주는 역할을 하는데, 잠을 잘 자지 못하면 집중력과 판단력이 떨어져 정상적인 생활이 어렵게 된다. 그로 인해 스트레스 호르몬이 증가하고, 스트레스가 수면을 방해하여 불면증이 계속되는 악순환이 반복된다. 그래서 불면증은 만성화되지 않도록 조기에 적절하게 치료하는 것이 중요하다.

불면증을 치유하는 대표적인 향기가 라벤더다. 이 향기는 혈압을 안정시키고 스트레스를 완화하여 불안, 초조, 긴장감을 덜어줌으로써 편안한 심리 상태를 만들어 수면을 유도한다.

페퍼민트 향기는 뇌에 활력을 주기도 하지만, 복잡한 뇌의 상태를 시원하게 정화하여 수면을 유도하기도 한다.

달콤하고 상큼한 오렌지 향기는 위의 연동운동을 촉진하여 위장을 편안하게 해줌으로써 불면증 해소에 도움을 준다.

클라리세이지 향기는 여성의 성에 좋은 영향을 미친다. 항경련 효과로 생리통이나 생리전증후군을 완화함으로써 여성 호르몬 균형에 관여하고 불면증 해소에도 도움을 준다.

이 밖에 일랑일랑, 스위트 마조람 향기도 불면증 해소에 도움이 되고, 샌들우드나 프랑킨센스 오일을 램프에 떨어뜨려 향기를 맡으며 마음을 차분히 가라앉히는 것도 숙면에 유용하다.

하루도 속 편한 날이 없을 때

어른들 말씀에 "건강에는 뭐니 뭐니 해도 '심간' 편한 게 제일"이라고 한다. 여기서 심간(心肝)은 심장과 간을 의미한다. 심장과 간이 편하려면 마음이 편해야 한다. 그러니 여기서 심간은 마음인 셈이다. 건강을 지키려면 무엇보다 마음이 편안해야 한다는 얘기다.

마음이 편안하면 부교감신경이 활성화되어 소화도 원활하고 장도 편안해진다. 그에 반해 소화가 불량하거나 속이 더부룩하면 마음이 불편하고 긴장된 상태, 즉 스트레스로 예민해진 상태에 놓인 것이다.

이런 소화불량과 더부룩함에 더해 그에 따라 유발되는 변비, 구토, 두통 등에 효과가 좋은 향기는 페퍼민트와 진저가 대표적이다.

박하 향으로 불리는 페퍼민트는 청량감이 도는 상쾌한 향기를 자랑하는데, 인체와 대응하기에 따라 상반된 작용을 한다. 가령, 때에 따라 혈압을 올리기도 하고 내리기도 하며, 중추신경계를 자극하기도 하고 진정시키기도 한다. 이 특이한 향기는 신경 강화, 집중력 향상, 체온 조절, 혈압 조절, 통증 완화, 위 기능 강화, 항균, 항바이러스의 효능이 뛰어나다.

진저는 생강이다. 소화를 돕고, 냉한 몸을 보하여 체온 상승 작용을 한다. 비사볼렌을 풍부하게 함유하여 항염과 진정 작용에 탁월하다. 또 면역기능을 활성화하여 각종 질병에 대한 예방 능력을 높인다.

몸속의 액체가 잘 안 돌 때

우리 몸이 앓는 질환의 대부분은 혈액순환 이상으로 일어난다.

심장에서 뿜어내는 혈액은 산소와 영양분을 세포로 운반하고 교체한다. 나아가 이산화탄소와 노폐물을 정맥과 림프관, 림프절로 이동하는 몸의 대순환을 이룬다.

혈액이 혈관을 따라 흐르는 것과 마찬가지로 림프액은 림프관을 따라 흐르며 온몸을 순환한다. 그렇게 영양분을 운반하고 외부의 해로운 물질로부터 몸을 보호한다. 림프관이 모이는 자리, 즉 림프절을 스트레칭해주고 부드럽게 마사지해주면 몸의 염증과 부종을 완화하는 데 효과가 있다. 림프 마사지에는 혈액순환에 도움이 되는 향기, 노폐물과 독소 제거에 도움이 되는 향기, 면역력을 증진하는 향기를 내는 오일이 좋다.

림프 순환, 부종 완화, 혈압 조절, 심혈관 질환 치유에 효능을 보이는 향기 물질은 주니퍼와 메이챙이 대표적이다.

노간주나무 열매인 주니퍼는 정화작용이 뛰어나 이뇨 촉진, 제독, 체액 순환 촉진, 염증 완화, 독소 배출의 효능이 있는데, 피톤치드 효과가 있어 삼림욕을 대신하기도 한다. 그밖에도 신경 안정, 피로 해소, 스트레스 해소, 피부 미용, 통증 완화 등에도 유용하다.

'중국의 여신'을 뜻하는 메이챙은 '차이니즈 페퍼'라고도 한다. 이 향기는 심장질환과 고혈압 치료에 탁월한 효과를 보인다. 또 소화불량, 스트레스, 우울증, 지성 피부 치유에도 효과적이다.

'피부는 오장육부의 거울'이라고 할 정도로 우리 몸의 피부는 내장기관과 밀접하게 연관되어 있다. 오장육부 내장기관의 질병이 곧 피부로 나타나는 것이므로 피부 건강을 위해서는 피부만 보지 말고 오장육부의 건강을 함께 살펴야 한다.

우리 몸은 에너지를 지속하여 공급받아 이를 통해 몸에 필요한 물질을 합성함으로써 생명을 유지한다. 음식물의 영양소를 흡수하여 얻은 물질은 합성되고 분해되어 몸에 필요한 에너지를 공급하거나 조직 세포를 구축하는 성분으로 쓰이며, 몸에 필요 없는 잔여 물질은 몸 밖으로 배출한다. 이런 순환 관계가 원활하지 못하면 당장 밖으로 나타나 피부가 거칠어지고 종기가 나는 등 피부 문제가 아닌 문제로 피부에 문제가 생긴다.

그래서 사람의 피부를 보면 그 사람 몸의 어디에 문제가 있으며, 어디를 치료해야 건강한 피부를 회복할 수 있을지 알게 된다. 누구나 부러워하는 우윳빛 피부가 아니라도 윤기와 혈색이 없어 보이고 푸른빛이 도는 창백한 얼굴이라면 우선 폐에 이상이 있는지 살펴야 한다.

술 마신 사람처럼 얼굴이 붉다면 심장에 문제가 있는 것이 아닌지 살펴야 한다. 심장의 활동이 지나치게 왕성하거나 몸에 열이 있을 때 나타나는 현상이기 때문이다.

얼굴이 누렇게 뜬 사람은 소화기관을 살펴야 한다. 소화에 관여하는 담즙이 제대로 내려가지 못하고 피부로 넘쳐나 누렇게 되기 때문이다.

얼굴이 검푸른 색을 띠면 간이 약하다는 신호이므로 간의 질환을 살펴야 한다. 기의 순환이 잘 안 되므로 흐르지 못하고 고여 있는 혈액인 어혈이 뭉쳐 피부를 검푸르게 만드는 것이다.

얼굴에 어두운 빛이 돈다면 신장의 이상을 살펴야 한다. 피로가 쌓이거나 스트레스, 잠이 부족할 때도 나타나는 현상이다.

이마 쪽 피부에 뾰루지가 난다면 폐 또는 장의 건강을 살펴야 한다. 폐는 인체의 오장 중 가장 위쪽에 있는데, 얼굴에서도 마찬가지로 이마가 제일 위에 있기 때문이다. 또 장이 나빠지면 이마에 거의 즉각적인 피부 반응이 생긴다. 또 변비나 설사가 반복되는 경우에도 이마 쪽의 피부에 문제가 생긴다.

볼 부분에 트러블이 많다면 위장장애를 의심해야 한다. 얼굴의 볼 부분에는 위장 경락이 흐르는데, 소화불량이 되면 경락이 막혀 볼에 뾰루지가 난다. 기의 흐름인 경락을 살필 때 볼은 위장의 기가 흐르는 곳이다. 볼에 트러블이 생기는 것은 위의 건강에 이상이 생겼다는 신호다. 신경성 위장장애를 치료하거나 위를 튼튼하게 해서 소화력을 높이면 볼의 트러블을 개선할 수 있다.

입 주변에 트러블이 많다면 자궁이나 방광의 건강이 나빠졌을 가능성이 크다. 신장과 자궁은 몸의 아랫부분에 있다. 그러므로 얼굴에서 가장 아래에 있는 입과 턱 주변이 바로 신장과 자궁과 관계가 있다. 이 부분이 검어지거나 뾰루지가 생긴다면 신장이나 자궁의 이상을 살펴야 한다.

피부에 기미가 심해진다면 혈액순환이 나빠져서 영양이 부족하게 되었을 가능성이 크다. 기미와 주근깨는 간과 신장 등의 혈액순환에 이상이 있기 때문이다. 간과 신장의 기능에 이상이 생기면 혈액이 제대로 흐르지 못하고 불순물이 남아 문제가 생긴다. 기미는 후천적이고 주근깨는 선천적이라는 것이 다를 뿐이다.

입술이 트거나 자꾸 헌다면 비타민B2가 결핍되어 있기 쉽다. 이는 비장과 위장이 건강하지 않기 때문인데, 이 두 기관이 제대로 기능하지 못하면 체내의 필요한 수분이 부족하게 되어 입술이 거칠어지고 트게 된다.

코 주변에 트러블이 많다면 간이 나빠졌을 가능성이 크다. 호흡을 할 때 숨을 빨아들이는 힘은 바로 간에서 생긴다. 이 기능이 원활하지 않으면 코와 코 주변에 문제가 발생한다.

[피부와 식도]

입을 통해 들어가는 음식물을 부수는 저작작용을 하며, 타액으로 음식물을 이동시키는 연하작용과 타액으로 음식물을 분해하는 소화 작용을 한다.

[피부와 위]

위의 연동작용을 통해 음식물이 위액과 혼합되므로 반유동상태로 되어 소화하기 쉽게 된다. 특히 위장 장애로 인해 두드러기, 여드름이 생기는데, 위액 중 산이 없거나 위산이 적은 경우가 많다. 또 기미나 색소침착증이 있는 여성은 위하수가 많다. 위장과 피부에서 가장 문제가 되는 것은 상습변비인데 여드름과 두드러기의 원인이 된다.

[피부와 췌장]

위에서의 산성 내용물이 십이지장으로 운반되었을 때 이것을 중화시키는 역할을 하며, 단백질·탄수화물·지방을 분해하는 작용을 한다. 췌장은 피부에의 영향은 적지만 당뇨병인 경우 피부에 발진이 생길 수 있다.

[피부와 소장]

위액에 의해 암죽처럼 된 음식물이 소장을 통과하는 사이에 소장 벽에서 분비되는 장액, 간에서 만들어지는 담즙, 췌장에서 나오는 췌액 등과 혼합되어 소화, 흡수된다.

[피부와 대장]

맹장, 결장, 직장으로 구성되어 있으며, 소화작용과 흡수작용은 거의 없고 단지 수분만 흡수한다. 대장 내에는 여러 종류의 장내 미생물이 기생하여 내용물을 부패시킨다. 대장운동이 이상 항진되면 수분의 흡수가 충분히 일어나기도 전에 배변되어 설사가 일어난다.

[피부와 간]

음식물과 함께 섭취되는 독성 물질을 해독한다. 담즙을 생성하여 소화를 용이하게 한다. 혈액을 일시 저장하고 방출하여 순환혈액량을 조절한다. 이렇듯 간장은 인체의 장기 중에서도 가장 중요하다. 특히 간장에 장애가 있는 경우 외부로부터의 자극에 대한 피부의 감수성이 높아져 어느 물질에 의한 부작용이 쉽게 나타나며 습진이나 피부염을 유발하기 쉽다. 또 호르몬 대사에도 영향을 미치고 얼굴, 이마, 볼, 입 둘레에 갈색점이나 기미가 생길수도 있다.

[피부와 신장]

만성신염이나 요독증이 있을 때는 피부가 과민해져 두드러기나 습진에 걸리기 쉬워진다.

[피부와 갑상선]

갑상선 기능이 저하되면 원형탈모증, 피부의 색소가 없어지는 심상성 백반, 습진이 생길 수 있다.

[피부와 부신]

부신은 신장 위쪽에 있는 장기로 여러 기능의 호르몬을 분비한다. 부신피질에서는 항알레르기, 항염증 작용을 하는 호르몬이 분비된다. 부신 기능에 장애가 생기면 기미, 안면흑피증, 백반이 생길 수 있다. 또 피부가 과민성이 되어 두드러기나 습진이 생길 수 있다.

이처럼 몸 안의 모든 장기를 둘러싸고 있는 피부는 우리 몸에서 가장 큰 기관이다. 피부는 몸을 보호하는 방벽 기능이 있지만, 항상 외부에 노출되어 있으므로 그만큼 손상을 받기 쉽다. 또 중요한 감각기관으로 촉각, 통각, 온각, 냉각 등을 느끼는데 특히 촉각은 성 충동을 일으키는 매개 감각으로 중요하다.

우리 몸 안에 어떤 질병이 생겼을 때 피부는 독특한 변화를 보이는데, 눈이 마음의 거울이라면 피부는 신체의 거울이라고 할 수 있다. 이처럼 피부는 외부의 여러 가지 자극에 방어하는 기능이 있는

반면에 이런 자극으로 언제든지 질병을 일으킬 수 있다.

　이런 피부질환에는 향기 치료가 매우 효과적이다. 우리는 흔히 피부에 문제가 생기면 스테로이드 연고를 바르거나 먹는 약을 처방받게 마련인데, 그것만으로 그치면 근본 원인을 해결하지 못한 채 질병이 만성으로 이어진다. 결국, 합병증으로 위험한 상황에까지 빠질 수도 있다.

　아토피성 피부, 발진 두피, 무좀, 습진 치유에 효과적인 향기로는 저먼 캐모마일, 로먼 캐모마일이 대표적이다.

　'어머니의 자궁'이라는 의미를 품은 저먼 캐모마일은 상처 치유, 피부 재생 등에 탁월한 효능을 보인다.

　은은한 사과 향이 난다고 해서 '땅속의 사과'로 불리는 로먼 캐모마일은 그 주변에서 자라는 허브들이 병들지 않는다고 해서 '땅속의 의사'로도 불린다. 이런 명성에 어울리게 다양한 병증 치유에 효과적이며, 특히 신경성 소화불량 개선에 탁월한 효능을 보인다.

5장

궁금해요, Q&A

아침에 일어나자마자 마시는 물(2잔)은 우리 몸 안의 기관들이 깨어나게 하는 데 도움을 주고, 식사하기 30분 전에 마시는 물(1잔)은 소화를 촉진한다. 그리고 목욕하기 전에 마시는 물(1잔)은 혈압을 내려주고, 잠자리에 들기 전에 마시는 물(1잔)은 뇌졸중이나 심장마비를 예방한다.

Q- 01 향기의 역사는 얼마나 오래되었나요?

A 향료의 라틴어(Per Fumum) 어원은 '연기로부터 나온 것' 이다. 아주 옛날 원시시대 사람들이 우연히 벼락을 맞고 불타는 식물에서 매혹적인 향기를 맡게 되었다. 그래서 어떠한 특정 식물이 불을 만나 탈 때 나는 연기는 매캐한 향과 다른 특별한 향을 낸다는 걸 점을 알게 된 것이다. 그때부터 원시인들은 그 특별한 향기를 제천의식에 바침으로써, 향기를 지상의 제단을 정화하여 악령을 물리치고 하늘의 신을 부르는 매개로 삼았다.

고대 이집트인은 향기의 대가들이었다. 이들은 종교의식뿐 아니라 일상생활에서도 향을 즐겨 사용했다. 향기 나는 음료와 과자를 먹고, 향료가 들어간 물로 목욕을 했다. 이집트의 여왕 클레오파트라는 '향을 바르고 피우며 심지어 먹었다' 는 얘기까지 있을 정도로 향기 마니아로서, 나일강 가에 향료 공장을 세웠을 만큼 향기 사랑이 대단했다.

이처럼 향기의 역사는 인류 역사와 함께 시작되었을 만큼 오래되었다. 지금껏 향기는 코로 맡는 기체로만 여겨왔고 실제로도 그랬다. 그런데 흥미로운 것은 클레오파트라가 "심지어 향기를 먹었다" 는 기록이다. 이는 설화 기록이라서 클레오파트라의 향기 사랑을 부풀린 나머지 나온 얘기일 수도 있겠지만, 오늘날 마침내 향기를 먹는 일이 실현되었으니, 마냥 설화로만 볼 일도 아니지 싶다.

Q- 02 '헬시 플레저' 현상이란 무엇인가요?

A MZ세대 중심으로 퍼지고 있는 '헬시 플레저' 현상은 건강(healthy)과 즐거움(pleasure)을 함께 추구하는 건강관리 개념이다. 식단과 운동 일과를 엄격히 관리하고 많은 것을 통제하고 인내하는 기성세대의 건강관리 방식과는 달리 즐겁고 효율적인 방식으로 지속 가능한 건강관리를 실천하는 MZ세대는 건강한 식재료를 기본으로 삼는 '개념 맛집'을 찾아다니고 운동을 놀이처럼 즐긴다. 내 몸이 건강한 데서 나아가 내 몸이 만족하고 즐거운 상태를 추구하는 것이다. 무엇보다 특이한 것은 코로나 대유행 이후 행복한 삶을 위한 멘탈 관리의 중요성이 크게 부각한 것이다. 직장생활로 인한 스트레스와 정신적 피로를 해소하는 것은 물론 코로나 대유행으로 겪는 우울증 등을 치료해 삶의 활력을 되찾는 것이 중요한 관심사가 되었다. 그러니까 건강관리의 핵심은 단순히 질병의 유무보다는 적극적인 즐거움과 행복의 추구가 되어가고, 건강관리는 그저 신체만이 아닌 정신적·사회적 건강까지 아우르는 개념이 되었다.

Q- 03 어떻게 해야 올바른 식습관을 들일 수 있을까요?

A 5가지 원칙으로 정리하면 '제때에, 골고루, 알맞게, 싱겁게, 즐겁게' 먹는 것이다.

첫째 원칙, 하루 세끼를 거르지 말고 제때에 규칙적으로 먹는다. 아침 식사를 거르는 사람이 많은데, 아침 식사는 하루의 원동력이 되므로 챙겨먹는 것이 좋다. 무엇보다 불규칙한 식사를 계속하면 위염 등의 소화기 질환에 시달리게 되므로 특히 신경 써야 한다.

둘째 원칙, 골고루 먹는다. 곡류, 고기 · 생선 · 달걀 · 콩류, 채소류, 과일류, 우유 · 유제품류, 유지 · 당류 등 6가지 식품군을 골고루 섭취한다. 특히 현대인의 식생활에서는 채소류와 과일류의 섭취를 늘리고, 육류와 지방의 섭취를 줄이는 것이 좋다.

셋째 원칙, 과식은 금물이다. 뭐든 알맞게 먹는 것이 가장 좋다. 하루에 필요한 에너지와 영양소를 알맞게 섭취하면 적당한 체중을 유지하고 만성 질환을 예방할 수 있다.

넷째 원칙, 싱겁게 먹는다. 세계보건기구와 한국영양학회에서는 하루 소금 섭취량이 5g(나트륨 2,000mg)을 넘지 않도록 권장하고 있는데, 한국인의 하루 평균 소금 섭취량은 12g으로 권장량의 2배가 넘는다. 그러므로 음식을 조리할 때에는 간을 싱겁게 하고, 짠 음식이나 국물의 섭취를 가능한 한 피한다. 가공식품의 섭취와 외식 횟수를 줄이는 것도 소금 섭취량을 줄이는 데 도움이 된다.

다섯째 원칙, 즐겁게 먹는다. 어쩌면 가장 중요한 원칙이다. 제아무리 맛있고 영양가 풍부한 음식도 억지로 먹거나 마지못해 꾸역꾸역 먹는다면 제대로 소화가 되지 않아 안 먹느니만 못하게 된다. 편안한 분위기에서 즐겁게 식사를 해야 정서적으로 안정되고 소화도 잘된다.

Q- 04 잘 먹는데 왜 영양부족 상태에 빠지나요?

A 나쁜 식습관에 원인이 있다. 현대인의 식습관을 보면 칼로리는 충분히 섭취하고 있지만, 인체가 제대로 기능하는 데 필요한 영양분을 고루 섭취하지는 못하는 '풍요 속의 빈곤' 상태에 놓여 있다. 현대인은 실제로 비만이 심각한 사회문제가 될 만큼 칼로리를 많이 섭취하는데도 정작 개별 세포는 필요한 영양소를 공급받지 못해 굶고 있는 형국이다.

식단을 통해 체중을 조절하려면 단순히 섭취하는 음식의 칼로리만 따지지 말고 칼로리의 섭취와 배출, 즉 칼로리의 균형을 따져봐야 한다. 같은 칼로리라도 영양소로 꽉 찬 식품이 있는가 하면 영양소가 거의 없는 빈 칼로리 식품이 있다. 가공 처리나 첨가물이 거의 없는 신선식품에는 비타민, 미네랄, 섬유질 등의 필수 영양소가 풍부한 데 반해, 설탕이 많이 든 케이크나 과자, 지방이 많이 든 마가린이나 튀김, 첨가물이 많거나 가공된 식품은 필수 영양소가 거의 없는 빈 칼로리 식품이다. 빈 칼로리 식품은 단순히 영양소가 결핍되었을 뿐 아니라 몸에 이로운 영양소의 흡수와 대사를 방해하기까지 한다.

Q- 05 왜 '먹는 것이 바로 내 몸' 이라고 하나요?

A 집을 지을 때 나무로 지으면 나무집이 되고 시멘트로 지으면 시멘트집이 되고, 흙벽돌로 지으면 토담집이 되는 이치와 같다. 잘 먹으면 몸도 건강하고, 못 먹으면 몸도 건강하지 못하다.

한국인의 주식은 흰쌀밥이다. 그런데 흰쌀은 섬유질과 비타민이 제거된 당분 덩어리에 지나지 않는다. 반찬을 제대로 챙겨 먹지 못하면 전체 식단에서 탄수화물이 차지하는 비율이 90%가 넘게 된다. 심각한 불균형이다. 여기에다 포도당, 과당, 설탕 같은 단순당질까지 과다섭취하면 문제가 더욱 심각해진다. 이런 당질은 혈액으로 빠르게 흡수되어 혈당을 급격히 높인다. 그러면 대량의 인슐린이 분비되어 당질을 지방조직 속에 축적함으로써 지방이 분해되지 못하도록 방해한다. 그래서 살이 찐다.

자연이 탄수화물을 줄 때는 단순당질 형태로는 주지 않는다. 섬유질과 함께 섭취하도록 복합당질 형태로 준다. 그런데 인간이 사탕수수에서 섬유질, 단백질은 다 버리고 단순당질인 정제 설탕을 만들어낸 것이다. 우리 신체 건강에서 설탕은 악마의 유혹이다. 이 거부하기 힘든 유혹이 많은 사람을 비만과 성인병의 늪에 빠뜨린다.

자연 그대로 먹는 것이야말로 건강하게 사는 길이다. 내가 먹는 음식이 지금의 내 몸을 구성하는 물질이 된다. 내 몸을 건강하게 유지하려면 건강한 음식을 올바르게 챙겨 먹는 것이 기본이다.

A 건강한 몸을 유지하는 데 중요한 습관은 물을 충분히 마시는 것이다. 우리 몸은 70%가 물로 구성되어 있고 매일 마시는 물은 몸의 건강과 밀접한 관계를 지닌다. 물은 체내에 빠르게 흡수되기 때문에 물을 마시면 30분 이내에 인체의 모든 곳에 전달된다. 30초 이내에 혈액에 도달하고, 1분이면 뇌 조직과 생식기에 도달하며, 10분 후에는 피부에, 20분 후에는 장기에, 30분이면 인체의 모든 곳에 도달한다.

물은 생명의 시작이자 자연이 준 보약이다. 물은 인체의 신진대사 활동에 꼭 필요한 요소로 체내에서 1%의 물만 사라져도 심한 갈증과 고통을 느끼며, 부족하면 탈수 혹은 혼수상태를 일으킬 수 있다. 하루에 배출하는 수분은 2리터 쯤으로, 적어도 이만큼의 물은 섭취해야 쾌적한 건강한 몸 상태를 유지할 수 있다.

아침에 일어나자마자 마시는 물(2잔)은 몸속 기관들이 깨어나게 하는 데 도움을 주고, 식사하기 30분 전에 마시는 물(1잔)은 소화를 촉진한다. 그리고 목욕하기 전에 마시는 물(1잔)은 혈압을 내려 주고, 잠자리에 들기 전에 마시는 물(1잔)은 뇌졸중이나 심장마비를 방지한다. 그렇다고 아무 물이나 마시면 안 된다. 무엇보다 유해 성분이 없고 깨끗한 물이어야 하며, 미네랄이 적당히 함유된 약알칼리성 물이라면 더 좋다. 게다가 활성수소가 함유된 물이라면 금상첨화다.

물을 충분히 마시라고 하니까, 식사 때 국물이나 숭늉 등 수분을 많이 섭취하면 되지 않느냐는 사람이 있는데 그렇지 않다. 식사 때 섭취하는 수분은 소화에 지장이 있으므로 식사는 되도록 고체 음식을 먹고 평소에 여러 차례에 나눠 물을 충분히 마시는 것이 좋다.

Q- 07 오늘 먹은 영양소가 왜 내일의 내 몸을 결정할까요?

A 우리 몸은 세포들이 모인 조직, 조직들이 결합한 기관, 기관들이 상호 연계된 기관계로 이루어진다. 세포는 모든 생물의 기본 단위인데, 우리 몸은 75조 개 이상의 세포로 이루어진다.

우리 몸은 날마다 섭취하는 영양소로 날마다 다시 만들어진다고 할 수 있는데, 장기 조직은 20일 안팎, 피부 조직은 30일 안팎, 혈액은 120일 안팎이면 거의 모두 새로 교체된다. 우리 몸이 나이 들어서도 생리 기능이 활발하다면 뼈의 세포는 3년 주기로 교체된다.

이렇게 세포가 교체되는 데는 영양소의 흡수율이 매우 중요하다. 우리가 섭취하는 음식에 함유된 영양소는 사실 흡수율이 생각보다 낮아서, 충분히 섭취했다고 여기는데도 영양부족 상태가 되기 쉽다. 비타민류는 흡수율이 대개 60~70%인데, 비타민C는 가장 낮아서 34%만 체내에 흡수되어 이용되는데, 그나마 공복일 때만 가능하다. 게다가 비타민은 조리 과정에서 50%나 손실되므로, 우리 몸이 실제로 활용하는 양은 원재료 함유량의 20~30%에 불과하다.

이런 사정을 고려하여 필수 영양소를 골고루 충분히 섭취하면 우리 몸의 생리 기능을 1.5배나 개선하는 효과를 볼 수 있다.

Q- 08 피부를 왜 '밖으로 나온 뇌' 라고 할까요?

A 피부를 쓰다듬는 것은 뇌를 쓰다듬는 것이나 마찬가지여서, 피부를 쓰다듬으면 뇌가 휴식을 취하게 된다. 왜 그럴까?

자궁에 착상된 수정란은 세포 분열을 거듭하여 외배엽, 중배엽, 내배엽의 3개 배엽으로 나뉜다. 이후 각각의 배엽이 심장, 위, 피부와 같은 각각의 기관으로 발달해 인체를 형성한다. 이때 외배엽을 보면 바깥쪽으로 노출된 부분이 피부가 되고, 안쪽으로 들어간 부분이 뇌와 신경이 된다. 이처럼 피부와 뇌는 같은 배엽에서 나왔기 때문에 피부를 자극하는 것이 곧 뇌를 자극하는 것과 같다고 한 것이다.

피부를 쓰다듬는 것이 뇌를 자극하듯이 우리 몸이 부딪히거나 상처를 입으면 그에 따른 자극(통증)이 말초신경을 통해 척수로 전달된다. 그리하여 척수의 관문이 열려 뇌로 전달되면 우리 몸은 그 자극을 통증으로 느끼게 된다. 이처럼 통증을 느끼는 과정에 향기, 피부 접촉, 감정이 관련된 사실이 확인되었다.

Q-09 맛은 우주의 물질과 어떤 관계에 있을까요?

A 아유르베다에서는 치유 물질의 에너지를 4가지 관련 요인으로 나누어 설명한다. 맛, 소화 후 효과, 흡수하는 에너지, 특별한 작용이 그것이다. 아유르베다에서는 체내 심신의 균형을 맞추기 위해 6가지 맛, 즉 단맛, 신맛, 짠맛, 매운맛, 쓴맛, 떫은맛의 음식을 골고루 섭취할 것을 제안한다. 인간의 신체와 마음, 생동하는 에너지는 음식으로 만들어진다고 믿으며, 저마다의 체질과 질병 증상에 따른 적절한 식사를 약보다 더 중요하게 여기는 까닭이다.

천연재료 각각의 맛은 5가지 원소 가운데 2가지 원소의 우세에 따라 느껴진다. 그래서 맛에는 뒷맛이 따른다. 모든 물질은 한 가지 맛으로만 이루어지지 않고 여러 가지 맛으로 이루어지는데, 다만 지배적인 맛과 부차적인맛 외에는 너무 약해서 느끼지 못할 뿐이다. 우리는 흔히 지배적인 맛을 그물질의 맛이라 하고 부차적인 맛을 뒷맛이라고 한다.

Q-10 왜 불면증이 생기는 걸까요?

A 불면증의 원인은 스트레스, 우울증, 불안장애 같은 정신질환, 커피 등의 각성 물질, 수면무호흡증이나 하지불안증후군 등의 의학적 원인이 있는 경우 등 다양하다. 급성불면은 수일에서 수 주 동안 잠을 못 자는 것을

말하며, 대개 흥분이나 스트레스가 원인이다. 흔히 말하는 불면증은 만성 불면증이며, 한 달 이상 계속되는 증상을 의미하는데, 한국인의 15~20% 가 걱정거리 때문에 만성 불면증에 시달린다.

잠자는 동안 우리 몸속에서는 낮 동안에 소모되고 손상된 중추신경계를 회복하고, 기억을 저장하며, 불쾌하고 불안한 감정을 정화한다. 또 몸을 푹 쉬게 해주는 역할을 하는데, 잠을 잘 자지 못하면 집중력과 판단력이 떨어져 정상적인 생활이 어렵게 된다. 그로 인해 스트레스 호르몬이 증가하고, 스트레스가 수면을 방해하여 불면증이 계속되는 악순환이 반복된다. 그래서 불면증은 만성화되지 않도록 조기에 적절하게 치료하는 것이 중요하다.

Q-11 피부를 왜 '오장육부의 거울' 이라고 할까요?

A 피부는 '오장육부의 거울' 이라고 할 정도로 우리 몸의 피부는 내장기관과 밀접하게 연관되어 있다. 오장육부 내장기관의 질병이 곧 피부로 나타나는 것이므로 피부 건강을 위해서는 피부만 보지 말고 오장육부의 건강을 함께 살펴야 한다.

우리 몸은 에너지를 지속적으로 공급받아 이를 통해 몸에 필요한 물질을 합성함으로써 생명을 유지한다. 음식물의 영양소를 흡수하여 얻은 물질은 합성되고 분해되어 몸에 필요한 에너지를 공급하거나 조직 세포를 구축하는 성분으로 쓰이며, 몸에 필요하지 않는 잔여물질은 몸 밖으로 배출한다. 이런 순환 관계가 원활하지 못하면 당장 밖으로 나타나 피부가 거칠어지고 종기가 나는 등 피부 문제가 아닌 문제로 피부에 문제가 생긴다.

그래서 사람의 피부를 보면 그 사람 몸의 어디에 문제가 있으며, 어디를 치료해야 건강한 피부를 회복할 수 있을지 알게 된다.

Q-12 자율신경과 면역력은 어떤 연관성이 있나요?

A 면역력은 사람에 따라 차이가 있다. 그런데 이 면역력에 크게 영향을 미치는 것이 바로 자율신경이다. 자율신경이란 호흡이나 소화 등 우리의 의지와 상관없이 신체 활동을 조절하는 신경계다. 자율신경은 활동이나 흥분 상태에서 작용하는 교감신경과 휴식이나 안정 상태에서 작용하는 부교감신경으로 이루어져 있다. 이 두 가지는 어느 한쪽이 우위에 서면 다른 한쪽이 저하되어 마치 시소처럼 균형을 이루며 기능한다.

교감신경과 부교감신경이 균형을 이루며 작용해서 과립구와 림프구의 수가 적절하게 늘거나 줄고 있다면 아무 이상이 없다. 문제는 어느 한쪽으로 기울어진 상태가 지속하는 경우다. 교감신경의 긴장이 이어지면 과립구가 지나치게 늘어나서 몸속의 유익한 세포까지 공격하게 된다. 여기에 림프구가 감소하면서 작은 이물질에 대한 처리 능력마저 떨어져 결국 면역력이 저하될 수 있다.

Q-13 잠을 잘 자는 것이 왜 다이어트에 좋다고 할까요?

A 잠을 자는 동안 우리 몸은 300칼로리의 에너지(cal)를 소모한다. 유산소 운동을 1시간 넘도록 힘들게 해야 200~300칼로리를 소모하는데 편안하게 잠을 자면서 300칼로리를 소모하는 것이다. 잠자는 동안 뇌에서는 몸을 맑게 되돌리는 성장호르몬이 분비되고 성인은 안티에이징 효과를 준다. 그래서 숙면은 피곤한 몸을 회복시켜 주고, 다이어트에 도움을 주는 지방 분해까지 하면서 근육, 골량, 골밀도까지 증가시켜주는 중요한 역할을 한다.

Q-14 잠을 잘 못 자면 어떤 일이 벌어질까요?

A 수면이 부족할 때 뇌가 힘들어하면서 에너지를 얻어야 하니 몸에서 공복 호르몬인 그렐린 호르몬 분비량이 늘어나고, 반대로 포만감을 느끼게 해주는 렙킨 호르몬은 떨어진다.

이로 인해 군것질을 하게 되고 고탄수화물을 찾으며 식욕이 높아지면서 과도한 칼로리 섭취로 호르몬 불균형이 발생되어 신진대사를 방해한다. 그러면 칼로리 연소량이 줄어 소화가 제대로 이루어지지 않으면서 지방으로 변환되어 쌓이는 양이 늘어나 비만이 되기 쉽다.

Q-15 운동을 할 때 왜 유산소 운동이 좋다고 할까요?

A 유산소 운동이란 산소를 사용하여 체내에 저장되어 있는 지방과 탄수화물을 태워 에너지를 생성하고 이를 통해 운동을 지속하는 것을 말한다. 큰 힘을 한꺼번에 발생시키지는 못하지만 낮은 강도의 힘을 장시간 발생시킬 수 있다. 마라톤 같은 장시간의 운동이 가능한 것도 이런 이유 때문이며 자전거 타기, 걷기, 달리기, 에어로빅댄스, 수영 등도 해당된다.

그래서 유산소 운동을 권장하고 있으며, 운동 효과는 심폐기능 향상, 심박수 감소, 심혈관 기능 향상, 근력 강화 · 인대 · 건 · 관절의 구조와 기능 향상을 가져온다. 또 체지방 감소를 통한 비만 예방 및 치료, 고혈압, 당뇨, 혈중지질 감소 및 치료에 효과적이기 때문에 비만, 당뇨, 고혈압 환자에게 유산소 운동을 권장한다.

이에 반해 무산소 운동은 산소를 사용하지 않고 에너지가 생성되는 것으로 폭발적이고 강한 힘을 단시간에 낼 수 있지만, 유산소 운동과 같이 장시간을 지속하지는 못한다.

Q-16 기분을 좋게 하고 몸에 좋은 향기에는 어떤 것이 있을까요?

A 사시사철 맡을 수 있는 솔 향은 스트레스를 해소해준다. 진정 효과가 뛰어난 라벤더 향은 불면증 해소에 효능을 보이는 대표적인 휴식의 향이

다. 각성 효과가 뛰어난 감귤, 레몬, 오렌지 향은 우리 몸에 활력을 주는 에너지 충만한 향기다. 정신을 맑게 하는 시나몬 향은 심신을 편안하게 하면서도 두뇌를 각성시켜 기억력, 집중력 같은 인지능력을 향상시킨다.

페퍼민트 향 역시 집중력을 높여주는데, 어떤 향보다 더 기분을 상쾌하게 해주어 감기몸살 치유에 도움이 된다. 행복을 주는 향기로 통하는 잔디 향은 잔디를 깎은 후 분비되는 화합물이 기분을 좋게 하고 긴장을 완화해준다. 호박 향은 라벤더 향과 더불어 최음제를 능가할 만큼 남성 호르몬을 자극한다. 긴장을 풀어주고 기분을 좋게 하는 바닐라 향은 행복감을 느끼는데는 모든 향 중에서 가장 탁월한 효능을 보이는 것으로 나타났다. 재스민 향은 우울증 완화에 탁월한 효능을 보인다. 포만감을 주는 올리브 향은 다이어트에 도움을 준다. 편두통이 완화에 뛰어난 효능을 가진 사과 향은 감정을 제어하는 데도 도움을 준다.

Q-17 코로나 후유증으로 후각과 미각을 잃기도 하는데, 그러면 우리 몸에 어떤 일이 벌어질까요?

A 후각과 미각은 식욕을 증진시키고, 생활의 활력을 얻게 하여 원활한 사회생활을 유지하며, 삶을 풍요롭게 하는 중요한 감각이다. 만약 후각과 미각을 잃게 되어 음식의 맛을 모르고 식욕을 잃어 잘 먹지도 못하게 되면 활력을 잃게 될 것이다.

후각과 미각의 상실은 단순히 삶의 활력 문제일 뿐만 아니라 화재나 독성

가스, 상한 음식 등에 대처하지 못하게 함으로써 건강은 물론 생명의 위협을 받게 된다.

후각과 미각은 신경계 중에 코, 입, 인두에 분포한 화학감수기 수용체를 자극하여 복잡한 신호전달 체계를 거쳐 중추신경계에 전달되어 각각의 맛과 냄새를 구별하게 된다. 우리가 구별할 수 있는 맛은 단맛, 쓴맛, 신맛, 짠맛 4가지며, 실제로 우리가 느낀다고 생각하는 다양한 음식의 향과 맛은 후각에 의존한다. 실제로 코를 막고 초콜릿을 먹으면 단맛과 쓴맛만 느끼게 될 뿐 무슨 음식을 먹고 있는지 구분을 못하게 되며, 더더욱 초콜릿 특유의 감미로운 맛은 느끼지 못한다.

Q-18 석류는 특히 여성의 건강에 좋은 과일이라는데, 왜 그럴까요?

A 원산지 페르시아에서 '생명의 과일', '지혜의 과일' 로 알려진 석류는 고대 이집트의 피라미드 벽화에 그려져 있는가 하면, 성서에도 여러 번 나올 정도로 오랜 역사를 지닌 과일이다. 클레오파트라와 양귀비가 즐겨 먹었다는 기록도 보인다.

석류의 주 성분은 당(과당, 포도당)으로 약 40%를 차지한다. 신맛을 내는 구연산은 약 1.5% 함유되어 있다. 석류는 각종 비타민을 함유하고 있어 감기 예방에 좋다. 특히 갱년기 장애 및 유방암 예방에 탁월한 효능을 지녀 여성의 대표 과일로 불린다. 석류 씨를 감싸고 있는 막에는 천연 에스트로

겐 호르몬이 함유되어 있어 갱년기 여성의 안면홍조, 발한, 발열, 혈행 개선에 효과가 있다. 또 항산화제인 엘라그산이 함유되어 있어 암세포의 생성과 증식을 막아 암세포를 예방에도 도움을 준다. 게다가 저칼로리, 저지방 과일로 당분이 많지 않아 다이어트에도 좋다.

열매와 껍질은 동맥경화와 고혈압 예방에 좋으며, 부인과 질환과 부종에 효과가 있다. 특히 이질에 효과적이다. 토마토는 석류에 없는 비타민A를 보충할 수 있으므로 토마토와 석류를 함께 먹으면 효과가 더 좋다.

Q-19 아침 식사를 해야 건강과 다이어트에 좋다는데 왜 그럴까요?

A 아침식사를 안 하는 것은 불규칙한 식습관으로 이어져 과식, 야식, 결식 등의 악순환과 장기적인 영양 불균형을 초래한다. 또 아침 결식의 공복감을 메우기 위해 간식의 섭취나 점심의 폭식으로 연결되어 위장이나 그 밖의 소화기관에 해로운 영향을 미칠 뿐 아니라 비만의 원인을 제공한다. 아침 결식과 점심의 폭식으로 당질 흡수량이 갑자기 많아지면 간에서 지방으로 바뀌어 혈중 중성지방을 증가시키기도 하여 심혈관 질환을 유발시킬 수도 있다. 규칙적인 세끼 식사로 전체적인 식사량을 균형 있게 줄이는 것이 체중 조절에 도움이 된다.

Q-20 술은 적당히만 마시면 건강에 이롭다는데, 정말 그런가요?

A 적당한 음주는 여러모로 우리 몸의 건강에 이롭다는 주장이 설득력을 얻어왔는데, 케임브리지대학교 연구팀은 일반 상식과는 다른 결과를 내놓았다. 음주는 모두 다 해롭다는 것이다. 이 같은 연구 결과는 '술도 적당히 마시면 혈액순환을 도와 심혈관 건강에 좋다'는 고정관념에 반대하는 것으로, 영국 정부가 권고 음주량을 낮춘 것을 지지하는 결과다.

하지만 아직 명확히 결론이 난 것은 아니다. 찬반의 주장이 팽팽히 맞선 가운데 애주가들 사이에서는 적당한 음주가 삶의 윤활유가 되고 소소한 행복을 준다는 믿음이 대세를 이루고 있다.

그런데 음주에서 '적당히'를 정하기가 쉽지 않다. 저마다 주량이 다르고 음주 성향이 다르고 술에 반응하는 몸 상태가 다르기 때문이다. 하지만 각자의 '적당히'는 각자가 잘 알고 있다. 다만, 어울리다 보면 그 선을 넘어버리는 것이 문제다.

당신이 생각한 마음까지도 담아 내겠습니다!!

책은 특별한 사람만이 쓰고 만들어 내는 것이 아닙니다.
원하는 책은 기획에서 원고 작성, 편집은 물론,
표지 디자인까지 전문가의 손길을 거쳐
완벽하게 만들어 드립니다.
마음 가득 책 한 권 만드는 일이 꿈이었다면
그 꿈에 과감히 도전하십시오!

업무에 필요한 성공적인 비즈니스뿐만 아니라 성공적인 사업을 하기 위한
자기계발, 동기부여, 자서전적인 책까지도 함께 기획하여 만들어 드립니다.
함께 길을 만들어 성공적인 삶을 한 걸음 앞당기십시오!

도서출판 모아북스에서는 책 만드는 일에 대한 고민을 해결해 드립니다!

모아북스에서 책을 만들면 아주 좋은 점이란?

1. 전국 서점과 인터넷 서점을 동시에 직거래하기 때문에 책이 출간되자마자 온라인, 오프라인 상에 책이 동시에 배포되며 수십 년 노하우를 지닌 전문적인 영업마케팅 담당자에 의해 판매부수가 늘고 책이 판매되는 만큼의 저자에게 인세를 지급해 드립니다.

2. 책을 만드는 전문 출판사로 한 권의 책을 만들어도 부끄럽지 않게 최선을 다하며 전국 서점에 베스트셀러, 스테디셀러로 꾸준히 자리하는 책이 많은 출판사로 널리 알려져 있으며, 분야별 전문적인 시스템을 갖추고 있기 때문에 원하는 시간에 원하는 책을 한 치의 오차 없이 만들어 드립니다.

기업홍보용 도서, 개인회고록, 자서전, 정치에세이, 경제 · 경영 · 인문 · 건강도서

모아북스
MOABOOKS   문의 0505-627-9784

전 세계 최초로, 향기를 마신다

초판 1쇄 인쇄 2022년 10월 11일
2쇄 발행 2022년 10월 24일

지은이   김용식
발행인   이용길
발행처   모아북스
         MOABOOKS

관리   양성인
디자인   이룸

출판등록번호 제 10-1857호
등록일자   1999. 11. 15
등록된 곳   경기도 고양시 일산동구 호수로(백석동) 358-25 동문타워 2차 519호
대표 전화   0505-627-9784
팩스   031-902-5236
홈페이지   www.moabooks.com
이메일   moabooks@hanmail.net
ISBN   979-11-5849-193-2 03570

· 좋은 책은 좋은 독자가 만듭니다.

· 본 도서의 구성, 표현안을 오디오 및 영상물로 제작, 배포할 수 없습니다.

· 독자 여러분의 의견에 항상 귀를 기울이고 있습니다.

· 저자와의 협의 하에 인지를 붙이지 않습니다.

· 잘못 만들어진 책은 구입하신 서점이나 본사로 연락하시면 교환해 드립니다.

모아북스 는 독자 여러분의 다양한 원고를 기다리고 있습니다.
MOABOOKS
(보내실 곳 : moabooks@hanmail.net)